rochas
manual fácil de estudo e classificação

Sebastião de Oliveira Menezes

rochas
manual fácil de estudo e classificação

Sebastião de Oliveira Menezes

inclui chave para reconhecimento macroscópico de rochas

© Copyright 2013 Oficina de Textos

1ª reimpressão 2015 | 2ª reimpressão 2019 | 3ª reimpressão 2021

Grafia atualizada conforme o Acordo Ortográfico da Língua Portuguesa de 1990, em vigor no Brasil desde de 2009.

Conselho editorial Cylon Gonçalves da Silva; Doris C. C. K. Kowaltowski; José Galizia Tundisi; Luis Enrique Sánchez; Paulo Helene; Rozely Ferreira dos Santos; Teresa Gallotti Florenzano

Diagramação Maria Lúcia Rigon
Preparação de figuras Bruno Tonelli
Projeto gráfico e capa Malu Vallim
Preparação de textos Cássio Pelin
Revisão de textos Hélio Hideki Iraha
Impressão e acabamento BMF gráfica e editora

Dados Internacionais de Catalogação na Publicação (CIP)
(Câmara Brasileira do Livro, SP, Brasil)

Menezes, Sebastião de Oliveira
   Rochas : manual fácil de estudo e classificação --
1. ed. -- São Paulo : Oficina de Textos, 2013.

   Bibliografia
   ISBN 978-85-7975-085-4

   1. Geologia de engenharia 2. Rochas sedimentares 3. Rochas metamórficas 4. Rochas ígneas 5. Sedimentos (Geologia) I. Título.

13-08261   CDD-691.2

Índices para catálogo sistemático:
1. Rochas : Materiais : Tecnologia 691.2

Todos os direitos reservados à Oficina de Textos
Rua Cubatão, 798
CEP 04013-003 – São Paulo – Brasil
Fone (11) 3085 7933
www.ofitexto.com.br   e-mail: atend@ofitexto.com.br

Apresentação

Rochas: manual fácil de estudo e classificação é mais um livro de Sebastião Menezes, geólogo e ex-professor de duas universidades federais: UFRuRJ (Universidade Rural) e UFJF (Universidade Federal de Juiz de Fora). Depois de escrever o livro *Minerais comuns e de importância econômica* e participar como coautor do livro *Introdução à Geomorfologia*, Sebastião Menezes oferece agora aos estudantes e profissionais o livro sobre rochas.

Conheci o autor, ainda estagiário no Museu Nacional da UFRJ, quando retornava de um breve período de trabalho no Museu Goeldi, em Belém, estado do Pará. Naquele tempo, ele estava envolvido com o estudo das rochas carbonáticas da bacia de Itaboraí, descrevendo oolititos - rochas que despertam muita atenção dos que se dedicam ao estudo daquela bacia calcária.

Já graduado (1968) iniciou-se como professor de Mineralogia da UFRuRJ e criou o curso de graduação em Geologia daquela instituição, onde fui convidado a lecionar no mesmo ano. Desde então, temos trabalhos como parceiros na luta pelo desenvolvimento da Geologia no Brasil. Depois de aposentado na UFRuRJ, Menezes foi para a UFJF, enquanto eu encerrava minha carreira no Museu Nacional. Apesar da distância ditada pela geografia, a parceria continuou até os dias de hoje. Por esse motivo, fico muito honrado em apresentar essa obra didática, mais uma na carreira do professor e geólogo Menezes, calcada em sua longa experiência didática e de conhecimento de Geologia.

Rochas: manual fácil de estudo e classificação tem por finalidade atender estudantes que se iniciam no estudo de disciplinas relacionadas com as Ciências da Terra (Geociências), uma vez que isso exige o conhecimento das rochas – unidades básicas da crosta terrestre, constituídas de associações de minerais.

O livro apresenta uma temática introdutória, seguida de capítulo sobre a natureza das rochas, e prossegue com capítulos distintos sobre as rochas ígneas ou magmáticas, sedimentares e metamórficas. Esses capítulos descrevem resumidamente os processos de formação das rochas em linguagem conectada à chave para reconhecimento macroscópico das mesmas.

Assim, percebe-se que o livro explana, em linhas gerais, em que se baseia o estudo das rochas e fornece uma chave para reconhecimento macroscópico de alguns de seus principais tipos. Essa chave pretende responder à pergunta "Que rocha é essa?" com o uso de características de fácil observação e sem uso de equipamentos sofisticados, sendo assim excelente para principiantes e para orientar a descrição macroscópica de rochas no campo.

O livro inclui ainda uma série de ilustrações para facilitar o entendimento do tema e um oportuno glossário com termos de uso corrente nas Geociências mencionados no texto.

Sabemos das carências que ocorrem no Brasil com relação à oferta de livros didáticos sobre as Ciências da Terra e, por esse motivo, iniciativas como esta são dignas de aplausos. Sendo assim, considero *Rochas: manual fácil de estudo e classificação* uma obra atual e que vem contribuir para a construção de uma bibliografia de Geociências e o entendimento das litologias que nos cercam.

Parabéns para a comunidade geocientífica do Brasil, que ganha de presente nesta oportunidade esta excelente ferramenta de estudos.

Rio de Janeiro, maio de 2013

Benedicto Humberto Rodrigues Francisco
Geólogo Sênior, Doutor em Geologia pela UFRJ
Vice-presidente da Sociedade Brasileira de Geografia
Conselheiro do Clube de Engenharia

Sumário

INTRODUÇÃO 9

1 A NATUREZA DAS ROCHAS 11
   1.1 O que se chama de rocha? 11
   1.2 Espécies de corpos de rochas 12
   1.3 Métodos de estudo 13
   1.4 Principais minerais constituintes das rochas 15
   1.5 Reconhecendo rochas 26
   1.6 Classificação das rochas 30

2 ROCHAS ÍGNEAS OU MAGMÁTICAS 32
   2.1 Modo de formação 34
   2.2 Evolução magmática 35
   2.3 Estágios de consolidação do magma 37
   2.4 Características 38
   2.5 Tipos de rochas ígneas ou magmáticas 49

3 ROCHAS SEDIMENTARES 57
   3.1 Origem 57
   3.2 Processos 60
   3.3 Características 62
   3.4 Tipos de rochas sedimentares 64

4 ROCHAS METAMÓRFICAS 71
   4.1 Fatores e espécies de metamorfismo 72
   4.2 Características 75
   4.3 Tipos de rochas metamórficas 76

5 Chave para reconhecimento de rochas comuns............ 81
   5.1 Que rocha é esta?.. 81
   5.2 Grupo I: rochas com estrutura maciça (não orientada) 83
   5.3 Grupo II: rochas com estrutura orientada 88
   5.4 Relação das rochas constantes da chave por ordem alfabética e classificadas quanto à origem 92

Glossário 96

Índice remissivo... 108

Bibliografia 111

Introdução

A elaboração deste livro teve por finalidade atender estudantes que se iniciam no estudo de disciplinas relacionadas com o meio físico, uma vez que, ao se iniciar o estudo da ciência da Terra (Geociências), torna-se necessário conhecer mais de perto as rochas – unidades básicas da crosta terrestre, constituídas de associações de minerais.

Como as rochas são formadas por associação de minerais, é preciso conhecer as propriedades e as características físicas inerentes a cada um dos minerais que entram em sua composição. Eles são poucos em número e, por isso, recomenda-se um estudo prévio àqueles que ainda não estão familiarizados com as propriedades e características físicas dos minerais formadores de rochas.

Esse conhecimento pode ser adquirido no livro *Minerais comuns e de importância econômica: um manual fácil*, já em segunda edição, pela Oficina de Textos.

Já neste livro apresenta-se um roteiro sobre o estudo das rochas, objeto de estudo da Petrografia, no qual, em linhas gerais, é explicado em que esse estudo se baseia, além de se fornecer uma chave para reconhecimento macroscópico de alguns dos principais tipos de rochas.

Nos Caps. 2, 3 e 4 descrevem-se, resumidamente, os processos de formação das rochas de origem ígnea (magmáticas), sedimentar e metamórfica, em linguagem conectada com a chave para reconhecimento macroscópico das rochas do Cap. 5. Essa chave procura responder à questão: "Que rocha é esta?".

Além disso, este livro inclui uma série de ilustrações para facilitar o entendimento do tema e um glossário com termos de uso corrente nas geociências mencionados no texto e nem sempre definidos.

A natureza das rochas

1.1 O que se chama de rocha?

O ramo de conhecimento que se ocupa com o estudo sistemático de rochas é a *petrologia*. Ela inclui a descrição e a identificação das rochas (*petrografia*) e uma explicação de suas origens (*petrogênese*).

Uma rocha é constituída de um mineral ou da associação de dois ou mais minerais que mantêm certa uniformidade de composição e de características na crosta terrestre. Portanto, a *associação* de dois ou mais minerais forma uma rocha. Entretanto, podem ocorrer rochas constituídas, essencialmente, de um só mineral, como no caso do calcário e do mármore, os dois formados pelo mineral calcita (carbonato de cálcio).

Rochas são, então, as muitas substâncias da Terra. Elas são compostas das mesmas partículas, como todos os outros materiais no universo, mas, nas rochas, as partículas estão tão agregadas e arranjadas que as unidades são muito amplas. Corpos de rochas individuais comumente constituem centenas ou milhares de quilômetros cúbicos do volume da Terra. Mesmo assim, as rochas diferem muito de um lugar para outro, por causa dos diferentes processos pelos quais são formadas.

As rochas próximas da superfície vêm sendo estudadas há muito tempo e suas características são bem conhecidas. Em geral, as rochas são classificadas em três grandes grupos, de acordo com o principal processo que lhes deu origem. Esses três grupos são as rochas ígneas, sedimentares e metamórficas. Qualquer um que pretenda iniciar-se em geologia deve ser capaz de conhecer as características e inter-relações existentes entre esses três grandes grupos de rochas.

Por causa da diversidade dos tipos de rochas, dos vários modos que elas são formadas e da enorme variação dos tamanhos das unidades que elas formam (do tamanho de batólitos até cristalitos submicroscópicos), a petrologia utiliza alguns métodos contrastantes de investigação. Esses métodos incluem técnicas de geologia de campo, análises químicas e estudos experimentais e petrográficos (macro e microscópicos). Aqui, a abordagem geral visa levar o leitor a reconhecer macroscopicamente uma rocha por análise de suas características visíveis a vista desarmada.

1.2 Espécies de corpos de rochas

De acordo com a natureza de seu conteúdo mineral, as rochas podem ser agrupadas em quatro categorias diferentes: monominerálica, vidro natural, matéria orgânica e poliminerálica.

A *rocha monominerálica* consiste, essencialmente, em um só mineral que ocorre em escala bastante grande, tanto que é considerada uma parte integrante da estrutura da Terra; são exemplos o calcário, o mármore e o dunito. O calcário é uma rocha sedimentar, o mármore é de natureza metamórfica e o dunito é de origem ígnea.

O *vidro natural*, que, embora com frequência, seja quase homogêneo, não tem uma composição que possa ser expressa por uma fórmula química, porque varia de um lugar para outro na mesma massa rochosa. O vidro natural é conhecido como *obsidiana* ou *vidro dos vulcões* (Fig. 1.1). Sua cor é verde-escura, algumas vezes tendendo ao negro; fratura conchoidal lisa e extremamente brilhante, como o vidro. A textura da obsidiana é vítrea. Geralmente, ao microscópio, não mostra nenhum elemento cristalino, ou seja, trata-se de material amorfo de origem ígnea.

Fig. 1.1 A obsidiana é um vidro natural de origem vulcânica com característica fratura conchoidal ou concoide. Muitos minerais e rochas apresentam esse tipo de fratura

A *matéria orgânica*, que é um produto de origem animal ou vegetal, também pode formar corpos de rochas. O fosfato de cálcio proveniente do excremento de aves, em geral acumulado em certas ilhas oceânicas, recebe o nome de *guano*. É uma rocha de origem animal. Turfa, linhito (carvão marrom), hulha (carvão betuminoso) e antracito são nomes dados às várias transformações pelas quais passa a matéria vegetal ao ser transformada em carvão mineral. Esses materiais são estudados com as rochas sedimentares (Fig. 1.2).

A *rocha poliminerálica* é um agregado de dois ou mais minerais, com ou sem massa fundamental de vidro natural; muitas dessas rochas contêm uma dúzia de minerais diferentes observáveis principalmente sob lente de grande aumento. A maioria das rochas pertence a esse grupo. São exemplos: o granito, que é uma rocha ígnea; o gnaisse, que é uma rocha metamórfica; e o arcóseo, que é uma rocha sedimentar.

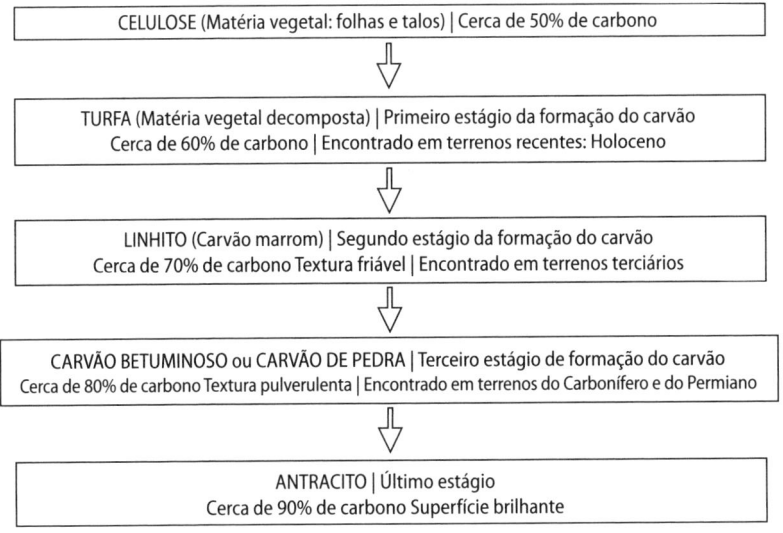

Fig. 1.2 Estágios da formação do carvão

1.3 Métodos de estudo

Os caracteres que distinguem cada grupo de rochas, e, dentro de cada um deles, as diferentes rochas que inclui, são estreitamente dependentes do *modo de formação*. Alguns só podem ser observados no terreno, pelo estudo da massa rochosa em relação às massas vizinhas, ou seja, do *modo geológico de ocorrência* ou *modo de jazida*. As relações de campo são importantes na determinação do modo geológico de ocorrência de um corpo rochoso. Elas têm como finalidade determinar o ambiente no qual as rochas foram originalmente formadas e a natureza e a extensão de todas as mudanças subsequentes em sua composição química e física. Tais estudos se preocupam com a geometria das rochas em relação aos estratos que as circundam. Outros caracteres podem reconhecer-se pelo exame da própria rocha, no terreno, ou de exemplares de mão dela talhados. São estes últimos que se vão considerar, essencialmente, embora seja necessário, com frequência, fazer referência a questões relativas à gênese e modo de ocorrência das rochas.

O estudo de uma rocha nunca é simples, porque, além da composição química, deve abranger outros fatores variáveis, tais como *tamanho, forma* e *arranjo* dos componentes. Dentro de cada uma das classes de rochas, são consideradas as *composições, texturas* e *estruturas*.

A identificação macroscópica das rochas é baseada quase exclusivamente em suas características externas, especialmente cor e textura – propriedades físicas visíveis a olho nu.

A *cor* de um mineral é a propriedade física mais facilmente notada. Ela varia de um espécime para outro, mas essas variações não constituem um obstáculo insuperável para sua análise e identificação. Quando tomada em conjunto com a qualidade de seu *brilho*, pode ser um guia valioso para a identificação do espécime. A cor pode ser um recurso útil para a identificação de rochas, especialmente das rochas ígneas.

Uma vez que a cor e o brilho de um mineral tenham fornecido indícios para sua identificação, outros testes podem ser feitos para limitar ainda mais as possibilidades.

Quando se trata de formações rochosas, quase sempre um indício importante para sua identificação é a *textura*.

A textura é um aspecto menor inerente à rocha, que depende do tamanho, da forma, do arranjo e da distribuição dos seus componentes.

As propriedades não são todas dignas da mesma confiança. A clivagem e a dureza são excelentes critérios e podem ser testados. A forma cristalina é mesmo a melhor, mas é pouco frequente. O brilho é uma indicação segura, mas a cor deve ser usada com reserva. Considera-se uma substância macia se ela pode ser riscada pela ponta de uma agulha ou pela lâmina de um canivete.

Para o estudo das rochas, dispõe-se hoje em dia de métodos muito exatos. Os petrógrafos recorrem vulgarmente ao *exame microscópico de lâminas delgadas de rochas* (com 0,03 mm de espessura), à luz natural e à luz polarizada, e à *análise química*. Por conjugação desses processos, pode-se normalmente identificar, com considerável segurança, os minerais constituintes e, mesmo nas rochas com grãos mais finos, investigar suas relações, a ordem por que se formam etc. Uma técnica que usa a imagem escaneada da superfície polida de uma rocha tem sido usada, em conjunto com técnicas de geoprocessamento, para avaliação do percentual dos minerais na superfície analisada. Para rochas de textura fanerítica, os resultados têm sido satisfatórios quando comparados com os das técnicas de análise petrográfica microscópica em lâminas delgadas.

No *exame macroscópico* de uma rocha, é necessário observar todas as características importantes visíveis e registrá-las de modo a se fazer uma descrição clara da rocha, que permita distingui-la de outras.

Esses registros podem ser mais bem consolidados se for adotado um procedimento sistemático no exame e descrição de rochas. O uso de uma chave para reconhecimento macroscópico de rochas comuns pode ser uma ferramenta importante, aliado a um conhecimento prévio dos principais minerais constituintes de rochas e dos principais tipos de textura.

1.4 Principais minerais constituintes das rochas

Os minerais mais importantes que entram na formação das rochas pertencem a dois grupos: os *minerais félsicos* e os *minerais máficos*. Os primeiros são ricos em silício e alumínio, e incluem feldspatos, feldspatoides, quartzo e moscovita; os segundos, que contêm ferro e magnésio, incluem piroxênios, olivinas, anfibólios e biotita.

Os minerais félsicos são tipicamente encontrados nas rochas da crosta continental da Terra. Tendem a ter cores claras e sua densidade é da ordem de 2,6. Já os minerais máficos são tipicamente encontrados nas rochas da crosta oceânica e do manto superior da Terra. São, em geral, de cor escura e densidade superior a 3,0.

O estudo dos minerais quase sempre é apresentado como uma listagem das propriedades e características que podem ser úteis para sua identificação. Elas incluem, entre outras informações, a forma ou o modo de agregação, a clivagem e/ou fratura, a dureza, o brilho em superfície recente, a cor, o traço ou risco sobre uma placa de porcelana fosca e observações de outras propriedades e/ou características comuns, além daquelas observações pessoais.

Os minerais constituintes de rochas citados na chave para reconhecimento macroscópico das rochas comuns são os seguintes: anfibólio, argila, augita, biotita, calcedônia, calcita, clorita, cordierita, dolomita, egirina, estaurolita, feldspato, granada, hiperstênio, hornblenda, ilmenita, leucita, magnetita, mica (sericita), microclínio, moscovita, nefelina, olivina, ortoclásio, piroxênio, plagioclásio, quartzo, talco, tremolita e zeólita.

O Quadro 1.1 mostra os mais importantes minerais formadores de rochas com a indicação dos grupos de rochas em que ocorrem mais comumente. Nele estão incluídos alguns minerais que não estão na chave e podem ser úteis no reconhecimento macroscópico de uma rocha. Em Menezes (2012) encontram-se uma chave mais completa para reconhecer minerais comuns por meio de suas características físicas e a descrição dessas propriedades e características. A seguir, resumem-se as principais características de alguns minerais formadores de rochas. Os minerais estão organizados em ordem alfabética para facilitar a consulta.

ACTINOLITA (anfibólio cálcico). Mineral de brilho não metálico (acetinado); geralmente em prismas longos em forma de lâminas (colunar ou acicular); verde-escuro até verde-amarelado-escuro; clivagem em duas direções oblíquas; dureza 5 a 6. Encontrado em rochas ígneas (alteração da hornblenda) e em xistos.

AMIANTO. Ver *crisotila*.

ANDALUZITA. Mineral de brilho não metálico (vítreo a fosco); prismas quase quadrados; vermelho, castanho-avermelhado e verde; dureza 7. Encontrado em rochas metamórficas de contato com rocha argilosa.

1 A natureza das rochas

Quadro 1.1 Principais minerais formadores de rochas

Rocha ígnea intrusiva/ extrusiva	Rocha sedimentar clástica	Rocha sedimentar não clástica	Rocha metamórfica. Metamorfismo de contato em rocha carbonática	Rocha metamórfica. Metamorfismo de contato em rocha silicosa	Rocha metamórfica. Metamorfismo regional em rocha carbonática	Rocha metamórfica. Metamorfismo regional em gnaisses e xistos	Rocha metamórfica. Metamorfismo regional em rocha básica
Anfibólio	Anfibólio	Calcedônia	Anortita	Andaluzita	Calcita	Actinolita	Anfibólio
Augita	Argila	Calcita	Biotita	Biotita	Dolomita	Andaluzita	Calcita
Biotita	Calcita	Dolomita	Calcita	Cianita	Flogopita	Anfibólio	Crisotila
Calcita	Clorita	Gipso	Diopsídio	Clorita	Pirita	Biotita	Clorita
Calcedônia	Dolomita	Halita	Dolomita	Epídoto	Piroxênio	Calcita	Dolomita
Egirina	Feldspato	Limonita	Epídoto	Estaurolita	Serpentina	Clorita	Epídoto
Feldspato	Granada	Pirita	Flogopita	Granada	Siderita	Cianita	Flogopita
Granada	Hematita	Siderita	Granada	Ilmenita	Talco	Epídoto	Granada
Hematita	Ilmenita		Pirita	Magnetita	Turmalina	Estaurolita	Ilmenita
Hiperstênio	Limonita		Tremolita	Piroxênio		Feldspato	Magnetita
Hornblenda	Magnetita		Turmalina	Quartzo		Granada	Quartzo
Ilmenita	Moscovita			Turmalina		Hematita	Serpentina
Leucita	Opala					Hornblenda	Talco
Magnetita	Quartzo					Ilmenita	
Moscovita	Turmalina					Magnetita	

Quadro 1.1 PRINCIPAIS MINERAIS FORMADORES DE ROCHAS (cont.)

	Rocha ígnea intrusiva/ extrusiva	Rocha sedimentar clástica	Rocha sedimentar não clástica	Rocha metamórfica. Metamorfismo de contato em rocha carbonática	Rocha metamórfica. Metamorfismo de contato em rocha silicosa	Rocha metamórfica. Metamorfismo regional em rocha carbonática	Rocha metamórfica. Metamorfismo regional em gnaisses e xistos	Rocha metamórfica. Metamorfismo regional em rocha básica
Nefelina								
Olivina								
Opala								
Ortoclásio								
Pirita								
Piroxênio								
Plagioclásio								
Quartzo								
Sodalita								
Turmalina								
Zeólitas								
Moscovita								
Pirita								
Ortoclásio								
Plagioclásio								
Quartzo								
Talco								
Turmalina								

ANFIBÓLIOS (família dos). Silicatos hidratados complexos contendo cálcio, magnésio, ferro e alumínio; brilho não metálico (vítreo); verde a preto; dureza 5 a 6; duas clivagens em ângulos oblíquos (125°). As espécies de anfibólios mais facilmente distinguíveis em rochas são: actinolita, hornblenda e tremolita. Elas ocorrem numa ampla variedade de ambientes geológicos, incluindo mármores e tipos metamórficos regionais de grau médio e de contato, e como um constituinte primário de rochas ígneas.

ARGILA. Mineral de brilho não metálico (terroso opaco); cor variável; dureza 2 a 2,5. Os minerais argilosos são importantes constituintes dos solos e de rochas sedimentares, e a maioria deles é produzida pelo intemperismo de minerais comuns como feldspatos e micas. Usualmente, o termo argila é empregado quando se faz referência a um material terroso, de granulação fina, que se torna plástico ao ser misturado com uma quantidade pequena de água. As argilas são constituídas por um grupo de substâncias cristalinas conhecidas como *minerais argilosos*, que incluem caulinita, montmorillonita (esmectita) etc.

ASBESTO. Ver *crisotila*.

AUGITA (piroxênio). Mineral de brilho não metálico (fosco até acetinado); maciço, laminar, compacto; verde-maçã, cinza e branco; clivagem prismática distinta a 90°; boa partição basal; dureza 5 a 6. Encontrado em rochas ígneas máficas.

BIOTITA (mica preta). Mineral de brilho não metálico (reluzente); escamas, placas e livros; castanho a preto; clivagem excelente, em uma direção; dureza 2 a 2,5; lâminas finas são elásticas. Encontrado em rochas ígneas e metamórficas.

CALCEDÔNIA. Mineral de brilho não metálico (ceráceo); bandeado, fibroso; mamelonar e outras formas imitativas; cor variável (branco, cinza, marrom etc.); fratura conchoidal; dureza 7. A calcedônia é uma variedade criptocristalina de quartzo que se deposita revestindo ou preenchendo cavidade em rochas. Encontrada em veios.

CALCITA. Mineral de brilho não metálico (vítreo a subvítreo); cristais prismáticos ou romboédricos; variadamente colorido (incolor, branco, cinza, amarelo, azul etc.); clivagem perfeita, romboédrica; dureza 3; reage com ácido diluído a frio. Encontrado em rochas ígneas, sedimentares (calcário, travertino) e metamórficas (mármore).

CIANITA. Mineral de brilho não metálico (vítreo); lâminas; cores azul, branco e verde; clivagem perfeita em uma direção; dureza 5 ou 7, dependendo da direção. Encontrado em xistos. O mesmo que distênio.

CLORITA. Mineral de brilho não metálico (sedoso a fosco); escamas e partículas; verde a azul-acinzentado até preto; dureza 2 a 2,5; quebradiço. A clorita é encontrada em ardósias e xistos. A cor verde de muitos xistos e ardósias decorre das partículas do mineral finamente disseminado. Encontrado também em rochas alteradas hidrotermalmente e em superfícies espelho de falhas.

CORDIERITA. Mineral de brilho não metálico (vítreo); prismas curtos, pseudo-hexagonais; transparente a translúcido; azul ou amarelado; dureza 7 a 7,5. Encontrado em rochas metamórficas resultantes do metamorfismo de contato e regional.

CRISOTILA. Mineral de brilho não metálico (gorduroso a sedoso); fibroso, fibra flexível; cores variegadas, com manchas verdes; clivagem perfeita; dureza 2 a 4. O mesmo que asbesto e amianto. Encontrado em rochas metamórficas e ígneas alteradas hidrotermalmente.

DIOPSÍDIO (piroxênio). Mineral de brilho não metálico (fosco a acetinado); prismas curtos, espessos; verde-pálido e verde-amarelado; clivagem prismática, difícil; dureza 5 a 6. Encontrado em rochas metamórficas de contato.

DISTÊNIO. Ver *cianita*.

DOLOMITA. Mineral de brilho não metálico (vítreo a nacarado); cristais romboédricos; tonalidades do róseo às vezes, incolor, branco, cinzento; dureza 3,5 a 4; reage com ácido diluído a quente. Encontrado em rochas sedimentares (dolomito) e metamórficas (dolomita-mármore) e em veios.

EGIRINA (piroxênio). Mineral de brilho não metálico (vítreo); geralmente cristais prismáticos pretos; dureza 6 a 6,5; boa clivagem prismática. Encontrado em rochas ricas em sódio e pobres em sílica, como os sienitos.

EPÍDOTO. Mineral de brilho não metálico (vítreo até fosco); granular (grão fino); verde de várias tonalidades, cinza e preto; dureza 6 a 7; cristais prismáticos com estrias paralelas ao comprimento. Encontrado em rochas alteradas hidrotermalmente e em rochas metamórficas de contato.

ESTAUROLITA. Mineral de brilho não metálico (resinoso a vítreo, às vezes fosco a terroso); prismas achatados, geminados em cruz são comuns; castanho-amarelado-escuro; fratura subconchoidal; dureza 7 a 7,5. A estaurolita é encontrada em xistos cristalinos e ardósias; em alguns casos, em gnaisses.

FELDSPATOS (grupo dos). Silicatos de alumínio, com potássio, sódio e/ou cálcio. Eles representam mais de 50% do volume dos minerais da crosta terrestre, podendo ser encontrados na maior parte das rochas ígneas, em muitas rochas metamórficas e em algumas rochas sedimentares. As principais variedades são os *feldspatos potássico e calcossódico (plagioclásio)*. O feldspato potássico inclui o *ortoclásio* e o *microclínio*. Sanidina é um tipo de microclínio. Já os plagioclásios são arbitrariamente divididos em seis subespécies: *albita, oligoclásio, andesina, labradorita, bytownita* e *anortita*. Os vários membros da série são misturas isomorfas dos dois membros extremos – albita e anortita. Os plagioclásios são geralmente reconhecidos por estriações finas (linhas paralelas) à superfície de clivagem, que acontecem por causa da geminação. Macroscopicamente, podem ser reconhecidas variedades de albita e labradorita; as demais, somente com auxílio de métodos de análises microscópicas ou técnicas mais sofisticadas. Os feldspatos comuns podem ser considerados como soluções sólidas de três componentes: ortoclásio, albita e anortita.

>FELDSPATOIDES (grupo dos). Grupo de silicatos de alumínio e terras alcalinas que são praticamente equivalentes aos feldspatos em relação às rochas. São encontrados em rochas ígneas onde há ausência de quartzo. Os principais feldspatoides são: nefelina, leucita e sodalita.

FLOGOPITA (mica dourada). Mineral de brilho não metálico (reluzente); escamas, placas e livros; castanho-acinzentado; clivagem perfeita em uma direção; dureza 2 a 3. Encontrado em rochas ígneas ultramáficas e em dolomitos metamorfizados.

>GRANADA. Mineral de brilho não metálico (vítreo, adamantino, gorduroso a resinoso); em dodecaedro e/ou trapezoedro; quebradiço; vários tons de vermelho e castanho; fratura conchoidal; dureza 6 a 7. Encontrado em rochas cristalinas e em grãos detríticos.

HEMATITA. Mineral de brilho metálico. Traço vermelho (cor de sangue coagulado); tabular, granular, micáceo, disseminado e em crostas; mineral acessório em rochas ígneas feldspáticas; ocorre também em rochas metamórficas. A hematita oolítica é sedimentar.

>HIPERSTÊNIO (piroxênio). Mineral de brilho não metálico (nacarado); cor variável entre cinza, esverdeado, preto e amarronzado; clivagem boa, quase em ângulo reto; dureza 5 a 6. Constituinte essencial de gabros, andesitos e outras rochas ígneas. Presente também em algumas rochas metamórficas, como os charnoquitos (não incluídos neste livro).

HORNBLENDA (anfibólio). Mineral de brilho não metálico (acetinado); prismas longos em forma de lâminas; castanho-escuro, verde a preto; clivagem a 60° (oblíqua); dureza 5 a 6. Encontrado em xistos, gnaisses, rochas ígneas e em grãos detríticos.

ILMENITA. Mineral de brilho metálico; traço preto, às vezes vermelho ou castanho; granular, maciço; preto e, às vezes, castanho; fratura conchoidal; dureza 5 a 6; pode ser magnético. Encontrado em rochas ígneas e metamórficas e em grãos detríticos.

LEUCITA (feldspatoide). Mineral de brilho não metálico (vítreo a opaco); maciço, às vezes trapezoidal; cristais isométricos em rochas escuras; branco a cinza; fratura conchoidal; dureza 5,5 a 6. Encontrado em rochas ígneas vulcânicas (lavas).

LIMONITA. Mineral de brilho metálico; traço amarelo a castanho-amarelado; crosta, disseminação; hábitos concrecionário, nodular e terroso; castanho-escuro a preto; fratura irregular; dureza 5 a 6. Formado pela alteração ou com base na solução de minerais contendo ferro.

MAGNETITA. Mineral de brilho metálico; traço preto; cristais octaédricos; maciço e granular; preto (do ferro); fratura subconchoidal a irregular; dureza 6. Atraído por um ímã. Encontrado em rochas ígneas e metamórficas e em grãos detríticos.

MICA. Grupo de silicatos hidratados, de estrutura em folhas, contendo potássio, magnésio, ferro, alumínio e outros elementos. As micas são fáceis de reconhecer pela clivagem, que permite separá-las em lamelas flexíveis tão delgadas quanto uma folha de papel. São encontradas em todos os três tipos de rochas. As variedades mais comuns são moscovita, biotita, flogopita e sericita.

MICROCLÍNIO (feldspato potássico). Mineral de brilho não metálico (vítreo, às vezes perláceo); cristais não geminados são raros; branco, amarelo-creme-pálido e verde; clivagem perfeita em duas direções em ângulo quase reto; dureza 6. A variedade verde é a *amazonita*. Comum em rochas ígneas (granitos e pegmatitos).

MOSCOVITA (mica branca). Mineral de brilho não metálico (vítreo reluzente); escamas, placas e livros; castanho-pálido, verde, amarelo, branco e incolor; clivagem perfeita em uma direção, facilmente separável em lâminas elásticas; dureza 2 a 2,5; transparente em lâminas finas. Encontrado em rochas ígneas félsicas, em rochas metamórficas e em grãos detríticos.

NEFELINA (feldspatoide). Mineral de brilho não metálico (vítreo a graxo e/ou gorduroso); irregular, prismas curtos e, mais comumente, maciços; branco, cinza até vermelho; clivagem prismática; dureza 5,5 a 6; gelatinização em ácidos. Encontrado em rochas ígneas alcalinas.

OLIVINA. Mineral de brilho não metálico (vítreo); usualmente em grãos embutidos ou em massas granulares; verde até verde--amarelado de várias tonalidades; fratura conchoidal; dureza 6,5 a 7. Encontrado em rochas ígneas máficas.

OPALA. Mineral de brilho não metálico (vítreo a fosco); irregular; cor variável; opalescente; fratura conchoidal; dureza 7. Encontrado preenchendo cavidades em rochas.

ORTOCLÁSIO (feldspato potássico). Mineral de brilho não metálico (vítreo até perláceo); maciço; róseo cor de carne e branco; clivagem perfeita em planos quase ortogonais (90°); dureza 6; não possui estriações na melhor superfície de clivagem. Encontrado em rochas ígneas e metamórficas; grãos detríticos.

PIRITA. Mineral de brilho metálico; traço preto ou preto-castanho; maciço; cubos e grãos; cor amarela do latão; fratura conchoidal a desigual; dureza 6 a 6,5. Encontrado em rochas ígneas, metamórficas, e sedimentares e em veios ou filões.

Piroxênios (família dos). São silicatos complexos contendo cálcio, magnésio, alumínio e sódio. Brilho não metálico (fosco até vítreo); prismas curtos e massas irregulares; clivagem em duas direções, aproximadamente em ângulos retos; dureza 5 a 6. São minerais da família dos piroxênios: augita, diopsídio, egirina, hiperstênio. Encontrados em rochas ígneas básicas e em certas rochas metamórficas.

Plagioclásio. Mineral de brilho não metálico (vítreo até perláceo); em forma de ripa (sarrafo), grãos irregulares e massas cliváveis; branco, branco-acinzentado, cinza e azulado; clivagem perfeita, em dois planos quase perpendiculares; dureza 6; os planos de clivagem mostram estrias (geminação da albita); jogo de cores. Encontrado em rochas ígneas e metamórficas; menos comum nos sedimentos.

Quartzo. Mineral de brilho não metálico (vítreo, às vezes graxo até oleoso); maciço, invariavelmente fresco; cor variada (incolor, branco, cinza, amarelo etc.); fratura conchoidal; dureza 7; estriado horizontalmente nas faces prismáticas. O quartzo é, sem dúvida, uma das espécies mineralógicas mais comuns. Sua composição mineralógica é dióxido de silício. Ele ocorre nos sedimentos e nos três tipos de rochas: ígneas (granito, riólito e pegmatito), sedimentares (arenito) e metamórficas (quartzito, gnaisse, xisto). Em toda a crosta terrestre existe uma grande abundância de quartzo.

Serpentina. Mineral de brilho não metálico (gorduroso, semelhante à cera); maciço, em placas; verde variegado; dureza 2 a 5, comumente 4. Encontrado em rochas alteradas hidrotermalmente: serpentinito.

Siderita. Mineral de brilho não metálico (resinoso a fosco); massa clivável e cristais romboédricos; castanho a preto; clivagem perfeita (romboédrica); dureza 3 a 4; reage com ácido diluído a quente. Em rochas sedimentares e em veios.

TALCO. Mineral de brilho não metálico (perláceo a gorduroso); lâminas, escamas e filamentos; branco, verde até amarelo-pálido--esverdeado; clivagem perfeita, em uma direção; untuoso ao tato; dureza 1; riscável com a unha; séctil. O talco é encontrado de maneira mais característica nas rochas metamórficas, nas quais, sob forma granular a criptocristalina, é conhecido por pedra-sabão ou esteatita, podendo constituir quase toda a massa da rocha. Encontrado em rochas xistosas, como o talcoxisto.

TREMOLITA (anfibólio). Mineral de brilho não metálico (vítreo a perláceo); prismas longos em forma de lâminas; branco; clivagem oblíqua em duas direções; dureza 5 a 6. Encontrado em xistos e rochas metamórficas de contato com calcários.

TURMALINA. Mineral de brilho não metálico (vítreo a resinoso); prismático, em geral com seção triangular arredondada; cor variada, dependendo da composição, sendo comum o preto; fratura conchoidal; dureza 7 a 7,7. Encontrado em pegmatitos graníticos e nas rochas encaixantes circundantes.

ZEÓLITAS (família das). São silicatos hidratados que mostram semelhanças íntimas na composição, em suas associações e no modo de ocorrência. Os principais minerais da família das zeólitas são: analcima, natrolita, heulandita e estilbita. São minerais de brilho não metálico (vítreo até nacarado); branco ou incolor, podendo às vezes apresentar-se amarelo, castanho e vermelho; dureza 3,5 a 5,5. São minerais secundários encontrados em cavidades e veios em rochas ígneas básicas.

1.5 Reconhecendo rochas

O objetivo do reconhecimento macroscópico de rochas é chegar ao nome do espécime pela observação de suas características visíveis, sem se importar com a classificação da rocha quanto à origem.

Saber reconhecer os minerais comuns formadores de rochas é essencial para o estudo e o exame macroscópico das rochas. Analisar espécimes grandes de minerais e observar suas características é uma das formas de se obter maior segurança no reconhecimento dos minerais constituintes das rochas. Nas rochas, os minerais são, geralmente, de tamanhos pequenos, o que dificulta o seu reconhecimento. Por isso, é preciso observá-los com atenção e anotar todas as suas características visíveis. Uma lupa de bolso, com aumento de seis a nove vezes, é um bom auxiliar para as observações, assim como uma boa iluminação.

Para o reconhecimento de uma rocha, além da composição mineral, é importante analisar sua estrutura (maciça ou orientada), sua textura (análise da granulação) e a dureza de seus minerais.

1.5.1 Estrutura

Para o reconhecimento macroscópico de rochas, é necessário saber reconhecer se o espécime a ser analisado possui uma estrutura maciça (não orientada) ou uma estrutura orientada (Fig. 1.3).

A estrutura de uma rocha é o conjunto de caracteres que exprime descontinuidade ou variação na textura. Nas rochas em que não existem direções privilegiadas, seu aspecto é sempre igual. Quando a rocha se apresenta com esse atributo (falta de orientação), dizemos que ela é maciça. As demais são orientadas, ou seja, exibem uma forma ou arranjo interno de seus constituintes definido e característico. As estruturas em camadas ou em faixas são compostas de anéis distintos identificados por cores e/ou texturas diferentes. A estratificação é uma das formas mais comuns de estrutura das

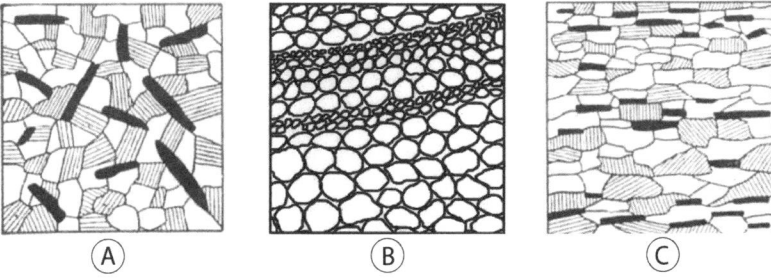

Fig. 1.3 Aspectos característicos de rochas com estrutura maciça e orientada: (A) estrutura maciça e textura granular porfirítica em rocha ígnea; (B) estrutura orientada e textura clástica (fragmentária) em rocha sedimentar; e (C) estrutura orientada e textura granoblástica em rocha metamórfica

rochas sedimentares, enquanto a foliação, que pode ser bandeada (gnáissica) ou xistosa (ondulada), é comum nas rochas metamórficas.

Na descrição das rochas com estrutura orientada são consideradas as que se apresentam orientadas em planos ou linhas e em camadas (estratificadas). As rochas orientadas em planos ou linhas são separadas em macias (riscáveis com canivete) e duras (não riscáveis com canivete). Já as rochas orientadas em camadas incluem as de textura fragmentária ou clástica, ou seja, formadas de fragmentos de rochas e/ou de minerais preexistentes, estejam os fragmentos soltos ou consolidados (unidos por um cimento).

1.5.2 Textura

Refere-se aos grãos componentes da rocha quanto a forma, tamanho e arranjo entre os grãos e nas relações de contato. O tamanho do grão é usualmente a característica textural mais óbvia. O espécime, depois de examinado com auxílio de uma lente, seria classificado em uma das categorias de texturà (Fig. 1.4).

A granulação é o aspecto da textura de uma rocha ligado ao tamanho de seus constituintes. Macroscopicamente, podemos separar as rochas, quanto à sua granulação, em: a) *finíssima a fina*; b) *média a grossa*.

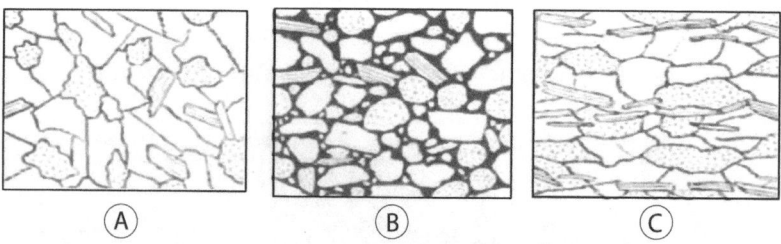

Fig. 1.4 Comparação entre texturas de rochas de origens diferentes. (A) *Textura granular* ou *equigranular* das rochas ígneas intrusivas. Os minerais cristalizam-se numa sequência mais ou menos ordenada e, por isso, são dominantemente intercrescidos, com os últimos minerais formados encaixados nos espaços entre os que se formaram primeiro. (B) *Textura clástica* ou *fragmentária* das rochas sedimentares clásticas. Os grãos do sedimento clástico tangenciam-se mutuamente, e o espaço remanescente é preenchido por algum material de ligação (cimento). (C) *Textura granoblástica* das rochas metamórficas. Os minerais formam um mosaico com uma quantidade limitada de intercrescimentos
Fonte: Modificado de Spock (1953).

No grupo das rochas de granulação finíssima a fina estão incluídas aquelas que consistem de cristais cujos grãos são reconhecíveis a olho nu. São microcristalinas ou densas, no caso da granulação finíssima. Se a granulação é fina, os constituintes minerais são reconhecíveis a olho nu e/ou com o auxílio de uma lupa, e apresentam tamanhos de até 1,0 mm.

No grupo das rochas de granulação média a grossa, os grãos minerais variam de tamanhos entre 1,0 mm e 10,0 mm (granulação média) e de 10,0 mm a 30,0 mm (granulação grossa).

Nas rochas ígneas, podemos distinguir os seguintes tipos: a) *granular* ou *equigranular*, ou seja, com tamanhos de grãos iguais ou semelhantes; b) *porfiroide* ou *inequigranular*, ou seja, tendo uma população de grãos de diferentes tamanhos (nesse caso, os cristais maiores (fenocristais) podem estar incluídos numa massa fundamental, ou matriz de grão fino, ou em uma matriz de grão médio ou grosseiro; em tais casos, o tamanho real das duas populações de cristais (grãos minerais) seriam registrados); c) *vítreo*, no qual não se nota formação de cristais.

Nas rochas sedimentares, podemos ter os seguintes tipos de textura: a) *clástica* ou *fragmentária*, na qual os grânulos se associam, e b) *amorfa*, formada pela precipitação química da matéria mineral dissolvida.

As rochas metamórficas possuem também três tipos essenciais de textura: a) *cristaloblástica*, ou seja, textura cristalina por causa da recristalização; b) *granoblástica*, na qual os cristais são de iguais dimensões; e c) *porfiroblástica*, na qual os cristais são de tamanhos diferentes, ou seja, formados em dois tempos de cristalização.

1.5.3 Dureza

Usa-se a escala de Mohs para se avaliar a dureza dos minerais. Ela estabelece uma série de graus de dureza, variando de 1 a 10. Nessa escala, a lâmina de um canivete ou faca possui uma dureza em torno de 5,5, comparada à dureza dos minerais. No exame macroscópico das rochas, os espécimes riscáveis ou dificilmente riscáveis com o canivete são considerados *macios*, enquanto os não riscáveis pelo canivete são considerados *duros*. Ser ou não riscável pela lâmina de um canivete ou por uma ponta de agulha, prego ou estilete está associado com a composição mineralógica da rocha. Se a maioria de seus constituintes minerais possui dureza abaixo ou acima do limite 5,5 é o que determina se a rocha é macia (riscável) ou dura (não riscável).

1.5.4 Composição mineral

Usualmente, até quatro minerais essenciais ocorrem em uma rocha. Para rochas de granulação grosseira, o número e a natureza dos principais minerais presentes e suas abundâncias relativas e inter-relações fornecem um guia claro para a identificação da rocha. Muitas rochas de granulação fina também contêm alguns cristais grandes que podem ser úteis para fins diagnósticos. O reconhecimento do mineral quartzo é fundamental. Assim, sua presença ou ausência determina a maioria dos caminhos a seguir. Além do quartzo, é importante saber reconhecer os feldspatos e minerais ferromagnesianos. O reconhecimento desses minerais conduz a diferentes tipos de rochas. Suas características estão descritas no corpo da chave.

Alguns testes com uso de ácido clorídrico (HCl) e água (H_2O) são propostos, e os resultados esperados são descritos na própria chave de reconhecimento macroscópico das rochas.

1.6 Classificação das rochas

As rochas que afloram na superfície do globo terrestre não apresentam sempre o mesmo aspecto. Suas diferenciações estão ligadas a uma série de fatores, tais como: modo de origem, composição, estrutura, textura, tipo de clima, declive, cobertura vegetal, tempo geológico etc.

Todos esses fatores intervêm, em maior ou menor grau, nas diferenciações que as rochas superficiais podem apresentar.

Classificações as mais diversas são usadas por geólogos, mineralogistas, geógrafos, agrônomos, biólogos e engenheiros. Cada especialista procura usar certo número de critérios, de modo a satisfazer suas necessidades.

A classificação mais comum das rochas está baseada na origem. De acordo com ela, todas as rochas podem ser divididas em três grandes grupos:

a] *rochas ígneas:* são formadas pela solidificação de massas em fusão ígnea, vindas de regiões profundas da Terra, e que se solidificam no interior da crosta terrestre ou depois de se derramarem na superfície desta;

b] *rochas sedimentares:* são formadas à superfície da Terra por acumulação de produtos de desagregação de rochas preexistentes, de restos de seres vivos, ou, ainda, por precipitação química;

c] *rochas metamórficas:* são formadas em profundidade, sob grande calor e pressão, pela alteração de quaisquer rochas ígneas ou sedimentares, isto é, são rochas que sofrem alguma mudança química ou física posteriormente à sua formação.

Nos capítulos seguintes estão descritas as principais características de cada um desses três grandes grupos de rochas e dos tipos de rochas constantes da chave para reconhecimento macroscópico de rochas do Cap. 5. Nos textos dos Caps. 2, 3 e 4 estão citados, ainda, alguns tipos de rochas não incluídos na chave.

Rochas ígneas ou magmáticas

As rochas ígneas ou magmáticas são aquelas que se formam pelo resfriamento e consolidação do magma. Fundamentalmente, elas caracterizam-se pela ausência de fósseis, e podem ser classificadas segundo sua composição mineralógica, cor, textura, granulometria e estrutura, entre outras.

A ausência de fósseis é insuficiente para provar que a rocha é ígnea, mas ajuda. Essa ausência é motivada pelas elevadas temperaturas em que são formadas essas rochas.

A identificação dos minerais constituintes da rocha é importante; principalmente, saber reconhecer a presença de quartzo, feldspato, micas e minerais ferromagnesianos. A presença de vidro indica sempre uma rocha ígnea. A abundância de feldspatos, desde que não haja estruturas tipicamente sedimentares ou metamórficas, também pode ser considerada diagnóstica. Muitas vezes, os cristais mostram entrelaçamento, como se crescessem ora cortando, ora sendo cortados pelos seus vizinhos.

As rochas ígneas são constituídas de minerais essenciais e acessórios. *Minerais essenciais* são os constituintes de uma rocha necessários à sua definição. Eles não precisam corresponder apenas a seus constituintes abundantes, como o quartzo em granito; podem ocorrer em pequenas quantidades, como a olivina em olivinabasalto. *Minerais acessórios* são de importância subsidiária em uma rocha, ou seja, não são necessários à sua definição. Eles estão presentes em pequenas quantidades, como o óxido de Fe-Ti no gabro ou a biotita em granito.

Os constituintes minerais de uma rocha ígnea são indicativos de sua cor. Diz-se que uma rocha ígnea é *leucocrática* quando é rica em minerais claros, como feldspatos, quartzo e moscovita; diz-se que é *melanocrática* se predominam (mais de 60%) os minerais escuros, como biotita, anfibólio, piroxênio e olivina. Quando a rocha possui entre 30% e 60% de minerais escuros, ela é dita *mesocrática*.

2 Rochas ígneas ou magmáticas

A textura está relacionada diretamente com o processo de consolidação das rochas ígneas e com a granulometria dos cristais. O tamanho dos minerais presentes em uma rocha ígnea, em grande parte, está relacionado com a velocidade de resfriamento do material magmático. As rochas ígneas com cristais identificáveis a olho nu são ditas de *textura fanerítica*, com granulação média a grosseira. Aquelas com cristais identificáveis apenas sob aumento são ditas de *textura afanítica* (não fanerítica), com granulação fina até finíssima. Quando não têm cristais individualizados, são de *textura vítrea*. Se possuírem cavidades causadas por bolhas de gás, são *vesiculares* (cavidades vazias) ou *amigdaloides* (cavidades preenchidas).

A textura fanerítica equigranular, típica das rochas ígneas intrusivas ou plutônicas, é aquela em que todos os cristais são de tamanho similar. As rochas faneríticas cujos cristais possuem tamanhos visivelmente diferentes (isto é, cristais grandes em meio a uma massa de granulação mais fina – fenocristais) são chamadas inequigranulares ou porfiroides. As texturas afaníticas, vítreas e vesiculares são características das rochas ígneas extrusivas ou vulcânicas. As texturas de fluxo, caracterizadas pelo alinhamento subparalelo dos cristais, também são típicas das rochas ígneas extrusivas.

A estrutura é o conjunto de caracteres que exprime descontinuidade ou variação na textura. Nas rochas ígneas, no geral, não existem direções privilegiadas, seu aspecto é sempre o mesmo. Quando a rocha se apresenta com esse atributo (falta de orientação), dizemos que ela é maciça.

São vários os critérios que podem ser adotados para a classificação das rochas ígneas. A textura, a granulometria, a composição mineralógica, a composição química, o modo de jazida e a idade podem servir de base para classificação, isoladamente ou em conjunto, segundo sistemas variados.

Não interessa discutir aqui o valor e as vantagens ou desvantagens que os diversos sistemas possam apresentar em relação às questões puramente geológicas.

As rochas ígneas mais comuns são as seguintes: granito e riólito, sienito e traquito, nefelinassienito e fonólito, gabro, diorito e basalto.

2.1 Modo de formação

As rochas ígneas são formadas de material rochoso fundido que se resfriou e se solidificou. Ele origina-se dentro da Terra e sobe ainda fundido para profundidades menores ou, em erupções vulcânicas, para a superfície terrestre. Quando resfria lentamente, usualmente em profundidades de dezenas de quilômetros, cristais separam-se do líquido fundido e formam rochas de granulação grosseira. Quando o material rochoso resfria rapidamente, usualmente na ou próximo da superfície da Terra, os cristais são extremamente pequenos; o resultado é uma rocha de granulação fina. Corpos separados de materiais rochosos fundidos têm ou adquirem composição química diferente e solidificam-se em diferentes espécies de rochas ígneas. Então, por causa dos diversos modos de resfriamento e diferentes composições químicas, uma grande variedade de rochas ígneas é formada.

Os processos envolvidos na formação de rochas ígneas ou magmáticas começam com a fusão parcial das rochas no nível da astenosfera, uma zona de fraqueza suscetível de fluir, onde se supõe estar concentrado o movimento convectivo. Ela fica abaixo da litosfera, a partir de aproximadamente cem quilômetros da superfície da Terra, e possui espessura média de duzentos quilômetros. A elevação da temperatura, nesse nível de profundidade no interior da Terra, é suficiente para começar a produzir a fusão de material rochoso. As rochas ali são compostas por agregados minerais de composições diferentes, daí não ser possível existir um só ponto de fusão para uma dada rocha. Nesse caso, a fusão dá-se em uma faixa de temperatura, produzindo a fusão parcial do material rochoso. O material em fusão (magma), de menor densidade, forma um líquido a temperaturas elevadas que sobe para os níveis superiores da litosfera, no sentido da superfície terrestre, através de zonas de fraqueza estrutural, originando, assim, no caso da litosfera, vulcões com sucessivas escoadas de lavas (material fundido) que se resfriam e cristalizam.

O material fundido nem sempre consegue atravessar a litosfera, ficando retido em câmaras no interior. Nesse caso, o resfriamento do líquido fundido é muito mais lento que o das lavas que chegam à superfície.

2 Rochas ígneas ou magmáticas

Uma rocha ígnea expressa, graças à sua textura, as condições geológicas em que se formou. A textura diz, principalmente, do tamanho e da disposição dos minerais que constituem a rocha, enquanto a natureza mineralógica dos cristais, ou mesmo do vidro, se for o caso, diz da composição química aproximada do magma.

A condição geológica que interfere na textura das rochas ígneas obedece aos seguintes critérios:

a) o magma pode consolidar-se dentro da crosta terrestre, a vários quilômetros de profundidade, formando as chamadas *rochas ígneas intrusivas* ou *plutônicas* ou, ainda, *abissais*; o resfriamento ocorre de forma lenta, dando a possibilidade de os cristais desenvolverem-se, formando, de modo geral, uma rocha com textura fanerítica;

b) em outras condições geológicas, o magma pode extravasar na superfície, formando *rochas ígneas extrusivas* ou *vulcânicas* ou, ainda, *efusivas*, das quais várias modalidades podem ocorrer;

c) entre os tipos citados ocorre um grupo intermediário de rochas ígneas (magmáticas) chamadas *hipoabissais* ou *filonares*; formam-se em condições geológicas quase superficiais e ocorrem, normalmente, em forma de dique ou *sill* (soleira).

2.2 Evolução Magmática

O magma é a matéria-prima das rochas ígneas. Ele é uma mistura complexa de substâncias no estado de fusão, sendo umas mais, outras menos voláteis. O magma que flui através das chaminés vulcânicas para a superfície, e que por isso é acessível à nossa observação, recebe o nome de *lava*.

Um magma é caracterizado segundo a sua composição, temperatura e mobilidade.

A *composição de um magma* constitui-se de soluções complexas, que ocorrem no interior da crosta terrestre, ocupando espaços definidos e individualizados que se denominam *câmaras magmáticas*; o magma contém diversas substâncias geralmente pouco voláteis e, na maioria das vezes, com elevados pontos de fusão; essas substâncias consolidam-se pelo resfriamento, resultando nas rochas magmáticas; o magma contém ainda gases de diversas naturezas e substâncias voláteis que escapam, em grande parte, sob a forma de vapores, não sendo, por isso, incorporado às rochas; devemos imaginar que o magma é constituído de uma mistura de silicatos, na qual ocorrem gases dissolvidos.

A *temperatura* de um magma é elevada, variando entre 500 °C e 1.400 °C; ela pode ser medida diretamente em vulcões ativos.

A *mobilidade* do magma é função de sua viscosidade, que depende, essencialmente, de sua *temperatura* e de sua *composição química*; o magma ácido, isto é, mais rico em sílica, é mais viscoso do que o magma básico, com pouca sílica; a lava ácida é frequentemente tão viscosa que nem chega a correr; o *grau de viscosidade* é de alta importância para o mecanismo de intrusão e extrusão, como também para a diferenciação magmática; *magma primário* pode ser modificado em sua composição para gerar uma grande variedade de rochas ígneas.

As modificações na composição de um magma podem ocorrer por diferenciação magmática, assimilação magmática e mistura de magmas.

Várias são as explicações para a formação de rochas magmáticas com base em apenas um ou dois tipos de magmas; a tal fenômeno dá-se o nome de *diferenciação magmática*, porque o magma se diferencia em diversos tipos, que, por sua vez, vão formar rochas; admite-se que os processos de diferenciação podem ser realizados durante a fase exclusivamente líquida (imiscibilidade de líquidos, migração da fase fluida, diferenciação por filtração, diferenciação gravitativa, diferenciação por convecção e prensagem) ou durante a fase mista, de líquidos com minerais já cristalizados.

Nem sempre o magma está em equilíbrio com os minerais que constituem a rocha encaixante, pois esses minerais podem ter sido formados sob condições de baixa temperatura, sendo, portanto, instáveis à alta temperatura do magma; além disso, se o magma for capaz de dissolver um determinado mineral existente na rocha encaixante, acontecerá a assimilação deste pelo magma; há casos em que a rocha encaixante é formada por mais de um mineral, e alguns deles podem reagir com o magma, enquanto outros, não; as rochas mais frequentes possuem 52,5% em peso de sílica: são rochas do grupo dos dioritos; outro grupo de rochas que ocorre com grande frequência apresenta 73% de sílica: são rochas do grupo dos granitos; são muito raras as rochas com menos de 30% de sílica, e não ocorrem rochas magmáticas com mais de 85% de SiO_2.

Rochas híbridas, particularmente rochas vulcânicas e intrusivas superficiais, podem também ser produzidas por misturas de magmas parcialmente cristalizados.

2.3 Estágios de consolidação do magma

Os primeiros minerais que se formam do magma são, em geral, anidros, porque se desenvolvem em altas temperaturas, contendo somente uma pequena proporção de constituintes voláteis. Tais minerais são chamados *pirogênéticos*. Sua formação conduz ao enriquecimento relativo de líquido residual em componentes voláteis e ainda à formação mais tardia de minerais contendo hidroxila, como os anfibólios e micas, que são chamados *hidatogênicos*.

Não pode ser feita uma separação clara entre os sucessivos estágios de consolidação do magma. Muitos nomes têm sido propostos para esses estágios, mas há pouco acordo no modo de aplicá-los. Em geral, o primeiro estágio, em que somente minerais pirogênicos são formados, é referido como sendo o *estágio ortomagmático*. Alguns autores incluem nesse estágio o período de cristalização no qual se desenvolvem os minerais com pequeno teor de água. Subsequentemente, em temperaturas de aproximadamente 600°C a 800°C, o magma entra no *estágio pegmatítico*, no qual coexistem as fases líquida (silicatos em fusão), cristalina e gasosa (aquosa). Mais tarde vem o *estágio pneumatolítico*, quando as temperaturas são aproximadamente de 400°C a 600°C e há equilíbrio entre cristais e gás. Finalmente, vem o *estágio hidrotermal*, em que as temperaturas giram em torno de 100°C a 400°C, nas quais é mantido o equilíbrio entre cristais e soluções aquosas.

Durante o estágio final de consolidação do magma, as soluções residuais ricas em voláteis podem levar a grandes alterações, tanto que os minerais preexistentes são modificados ou substituídos por novos minerais. Tais alterações são chamadas *deutéricas*. Incluem *albitização, zeolitização, cloritização* e o desenvolvimento de *intercrescimentos quartzofeldspáticos*, como o micropegmatito. Comumente, entretanto, tais alterações são difíceis ou impossíveis de se distinguir de alterações produzidas em rochas já solidificadas por introdução de soluções de fontes externas, as quais são chamadas de *metassomáticas*.

2.4 Características
2.4.1 Modos de ocorrência

As rochas ígneas podem apresentar-se sob a forma de corpos ígneos intrusivos ou extrusivos. Nos corpos ígneos intrusivos, a consolidação do magma ocorre no interior da crosta, originando as rochas ígneas intrusivas ou plutônicas. Nos corpos ígneos extrusivos, o magma extravasa e derrama-se à superfície, originando as rochas ígneas extrusivas ou vulcânicas (Fig. 2.1).

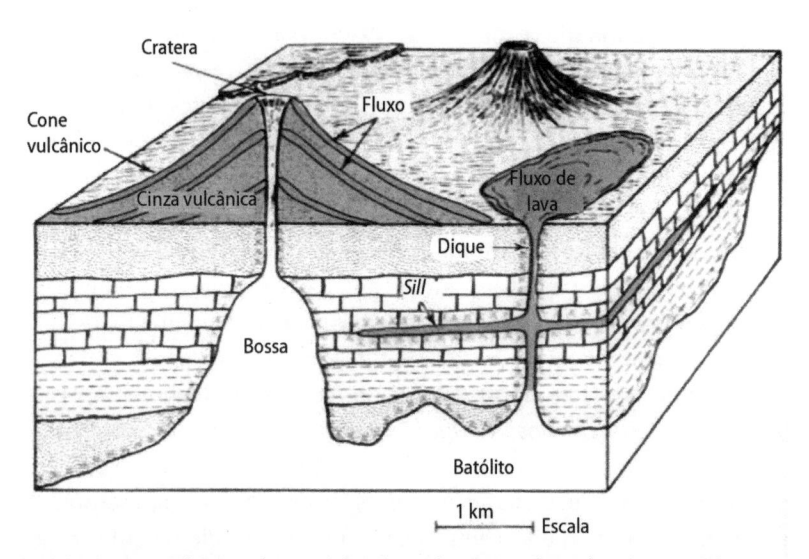

Fig. 2.1 Diagrama ilustrando os vários tipos de corpos de rochas ígneas. Dique e *sill* são corpos tabulares. O dique corta transversalmente as camadas de rocha que atravessa; o *sill* ou soleira coloca-se entre os planos de acamamento ou de estratificação das rochas. A bossa (*stock*) é geralmente de forma cilíndrica, com área de exposição menor que 10 km^2; os corpos maiores, contínuos em profundidade, são os batólitos. O cone vulcânico consiste de quantidades variadas de fluxo de lava e de cinza vulcânica que foram expelidas pelo conduto vulcânico (*volcanic neck*)
Fonte: modificado de Branson et al. (1952).

Os corpos ígneos intrusivos podem ser concordantes – quando seus bordos são paralelos à estratificação ou xistosidade das rochas encaixantes – ou discordantes.

As formas concordantes de intrusão incluem *sill* ou soleira, lacólito, lopólito e facólito.

Sill ou soleira é um tipo de intrusão concordante com as camadas de rocha. São corpos extensos, pouco espessos e de forma tabular quando vistos em corte (Fig. 2.2).

Lacólito é uma intrusão de massa ígnea lentiforme, de seção horizontal, geralmente circular ou subcircular; tipo de intrusão concordante em rochas estratificadas, que se acomodam à intrusiva. Um lacólito pode ter 300 m de espessura e até 5 km de comprimento (Fig. 2.3).

Lopólito é um corpo magmático intrusivo de grandes dimensões, lenticular concordante deprimido na parte central, e que é frequente nos fundos de dobras do tipo sinclinal (Fig. 2.4).

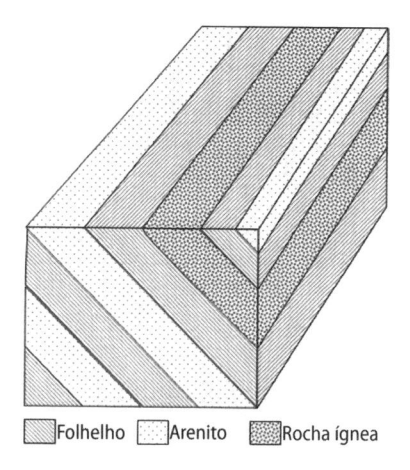

Fig. 2.2 *Sill* ou soleira é um tipo de intrusão de rocha ígnea concordante. A rocha ígnea coloca-se entre camadas de rochas sedimentares acompanhando o plano de estratificação ou acamamento

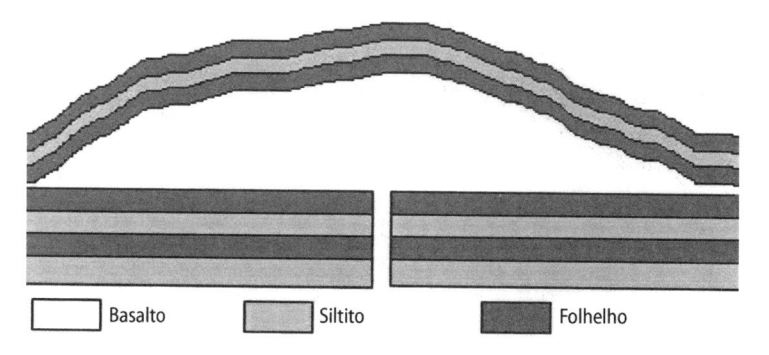

Fig. 2.3 Lacólito é um tipo de intrusão de rocha ígnea lentiforme. Aqui, o magma acomoda-se principalmente entre planos de estratificação de rochas sedimentares

Facólito é um corpo magmático intrusivo, aproximadamente concordante, de forma convexo-côncava (em forma de foice). Localiza-se frequentemente nas dobras do tipo anticlinal (Fig. 2.5).

As formas discordantes de intrusão incluem dique, batólito e bossa ou *stock*.

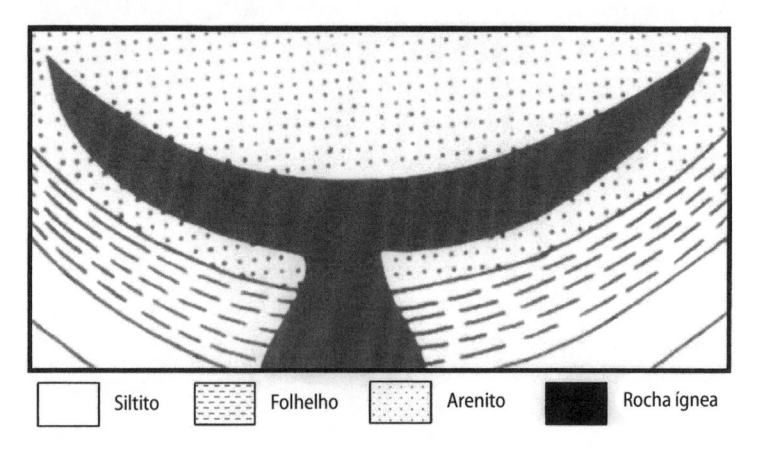

Siltito   Folhelho   Arenito   Rocha ígnea

Fig. 2.4 Lopólito é um tipo de intrusão de rocha ígnea lenticular entre camadas de rochas numa dobra sinclinal

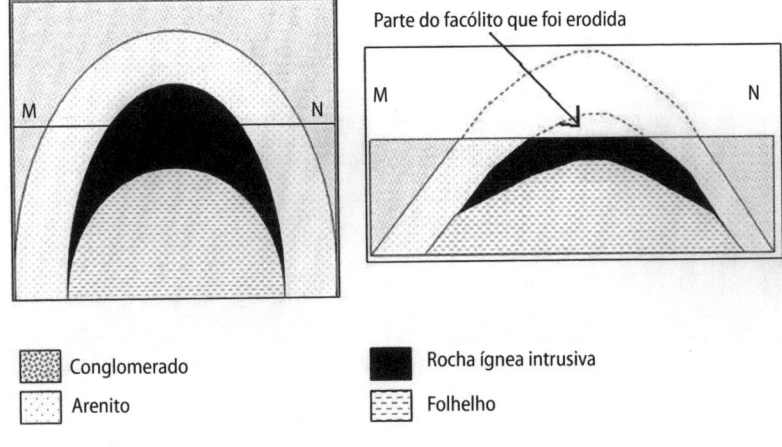

Parte do facólito que foi erodida

Conglomerado
Arenito
Rocha ígnea intrusiva
Folhelho

Fig. 2.5 Facólito é um tipo de intrusão de rocha ígnea em forma de foice entre camadas de rochas numa dobra anticlinal

2 Rochas ígneas ou magmáticas

Dique é uma massa rochosa de forma tabular discordante que preenche uma fenda aberta em outra rocha; quando o dique é concordante com as camadas, chama-se *sill*; os diques são geralmente constituídos de rochas magmáticas, raras vezes de sedimentos (Fig. 2.6).

Batólito é uma designação aplicada a grandes corpos de rochas plutônicas contínuas em profundidade, não possuindo, assim, um embasamento. Em geral, o termo é conferido às massas ígneas subjacentes, cujo afloramento se estende por mais de 100 km² (Fig. 2.7).

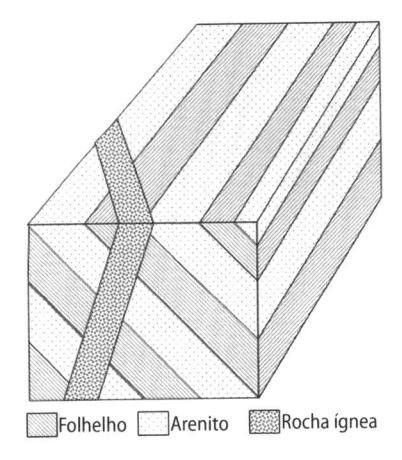

Fig. 2.6 Dique é um tipo de intrusão de rocha ígnea de forma tabular discordante que preenche uma fenda em outra rocha. Na ilustração, está entre camadas de rochas sedimentares

Bossa ou *stock* é uma massa eruptiva subjacente, de tamanho inferior ao de um batólito (Fig. 2.1).

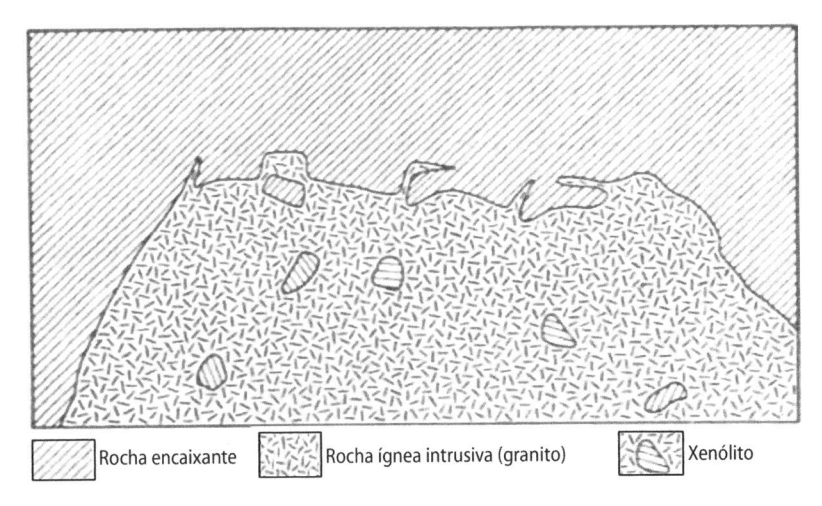

Fig. 2.7 Batólito é um corpo de rocha ígnea contínuo em profundidade, com área de exposição da ordem de 100 km²

Os corpos ígneos extrusivos ou vulcânicos referem-se aos derrames de lavas, cinzas e material piroclástico expelido pelos vulcões.

Vulcão é uma abertura na crosta terrestre que dá saída ao material magmático (lavas e cinzas). É através de um vulcão que se pode ter um conhecimento direto do material ígneo localizado sob a crosta terrestre, que é sólida. Há diferentes tipos de vulcões e, consequentemente, diferentes tipos de formas de relevos produzidos pelas atividades vulcânicas extrusivas. As feições topográficas produzidas dependem do tipo de lava expelida pelo vulcão (Fig. 2.1).

Os materiais produzidos pelas atividades vulcânicas podem ser lavas, materiais piroclásticos e gases vulcânicos.

As *lavas* são massas magmáticas, em estado parcial ou total de fusão, que atingem a superfície terrestre e se derramam.

Os *materiais piroclásticos* correspondem aos materiais de origem vulcânica lançados na atmosfera por ocasião das erupções. São denominados: *poeira vulcânica* – fragmentos menores que 0,25 mm; *cinza vulcânica* – fragmentos entre 0,25 mm e 4,0 mm; *lapíli* – fragmentos entre 4,0 mm e 32,0 mm. A *bomba vulcânica* é formada de lava resfriada no ar, com formas arredondadas, elípticas, torcidas, de tamanho superior ao de um punho. Os materiais piroclásticos são incoerentes. Por compactação e cimentação, tornam-se rochas. As compostas principalmente por bombas formam os *aglomerados*; as que consistem de blocos produzem as *brechas vulcânicas*; as cinzas e poeiras vulcânicas litificadas produzem os *tufos*.

2.4.2 Textura

A textura é um dos critérios usados para caracterizar uma rocha ígnea. Na análise da textura de uma rocha ígnea, consideram-se o tamanho, a forma, o arranjo e a distribuição dos grãos minerais na rocha. Os seguintes tipos de textura podem ser considerados:

a] *textura fanerítica*: ocorre quando a rocha é formada por grãos cristalinos de diâmetro superior a cerca de 5 mm (rocha de grão grosseiro) ou compreendido aproximadamente entre 1 mm e 5 mm (rocha de grão médio);

2 Rochas ígneas ou magmáticas

b] *textura microfanerítica*: ocorre quando a rocha é formada totalmente, ou em grande parte, por grãos cristalinos de diâmetro inferior a cerca de 1 mm (rocha de grão fino), mas ainda suficientemente grandes para refletirem a luz individualmente, de forma que se distinguem uns dos outros por exame macroscópico; o diagnóstico do grupo mineralógico a que pertencem é, na maior parte dos casos, difícil e, muitas vezes, até impossível macroscopicamente;

c] *textura afanítica*: é o mesmo que textura não fanerítica, e corresponde a casos em que a rocha é formada total ou parcialmente por grãos tão pequenos que não se distinguem uns dos outros, mesmo com auxílio de lupa; pode ser holocristalina ou hipocristalina, mas a matéria vítrea que possa conter não se distingue por exame macroscópico;

d] *textura vítrea*: ocorre quando a rocha é visivelmente formada por vidro natural, que, embora frequentemente seja quase homogêneo, não se apresenta cristalino.

As rochas faneríticas podem apresentar-se com:

a] *textura granular*, se constituídas por grãos minerais de dimensões aproximadamente iguais, caso em que são equigranulares (Fig. 2.8A);

b] *textura porfiroide*, quando apresentam grãos minerais (cristais) que se destacam por suas dimensões maiores (fenocristais) em relação aos que constituem a massa fundamental da rocha (Fig. 2.8B).

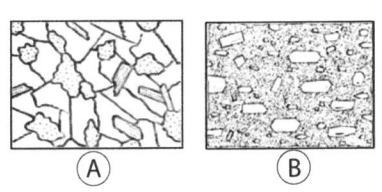

Fig. 2.8 (A) *Textura granular* e (B) *textura porfiroide* ou *inequigranular*, comuns em rochas ígneas
Fonte: modificado de Spock (1953).

As rochas microfaneríticas podem apresentar-se com:

a] *textura microgranular* se constituídas por grãos minerais de dimensões aproximadamente iguais;

b] *textura microfírica* (microfanerítica porfírica), quando formadas por massa fundamental microgranulada com fenocristais.

As rochas afaníticas podem apresentar-se com:
a] *textura afírica*, se formadas inteiramente por grãos minerais que não se distinguem macroscopicamente;
b] *textura afanofírica*, caso apresentem fenocristais destacando-se na massa fundamental afanítica.

As rochas vítreas podem apresentar-se com:
a] *textura holovítrea*, se constituídas essencialmente por vidro;
b] *textura vitrofírica*, se tiverem cristais inclusos na massa fundamental vítrea.

O tamanho do grão mineral é usualmente a característica textural mais óbvia. Depois de examinado com o auxílio de uma lente, o espécime seria classificado em uma das categorias do Quadro 2.1.

Os termos do Quadro 2.1 são facilmente aplicados às rochas que são mais ou menos *equigranulares* (tamanho de grãos iguais), mas muitos espécimes são porfiríticos, tendo uma população de *fenocristais* (cristais grandes numa massa fundamental ou matriz de granulação mais fina), formados anteriormente. Em tais casos, o tamanho real das duas populações seria registrado.

Quadro 2.1 TERMOS TEXTURAIS APLICADOS NA DESCRIÇÃO DE ROCHAS ÍGNEAS EQUIGRANULARES POR EXAME MACROSCÓPICO

Textura	Granulação	Descrição
Afanítica	Fina	Poucos limites de cristais são distinguíveis no campo ou com o auxílio de uma lupa de bolso; o tamanho médio dos grãos está abaixo de 1 mm. Nas rochas vítreas, o termo hialino pode ser usado.
Fanerítica	Média	Muitos limites de cristais são distinguíveis com o auxílio de uma lupa de bolso; o tamanho médio dos grãos está entre 1 mm e 5 mm.
Fanerítica	Grossa	Virtualmente, todos os limites de cristais são distinguíveis com a vista desarmada. O tamanho médio dos grãos é maior que 5 mm.

2 Rochas ígneas ou magmáticas

Variedades dos tipos fundamentais de textura.
Os tipos fundamentais de textura das rochas ígneas apresentam as seguintes variedades:

a] *textura gnaissoide*: é caracterizada pelo alinhamento ou orientação comum de alguns ou de todos os cristais constituintes; resulta de cristalização de magma sob pressão diferencial ou orientada; o aspecto da textura gnaissoide confunde-se com modalidades da textura gnáissica, a qual é característica de rochas metamórficas denominadas gnaisses;

b] *textura pegmatítica*: corresponde aos casos em que a rocha é formada por cristais muito desenvolvidos e frequentemente de grande perfeição morfológica; é característica de rochas denominadas pegmatitos, que se encontram muitas vezes na forma de diques, filões ou veios na periferia de *stocks* e batólitos ou cortando essas formações;

c] *textura gráfica:* é quando um feldspato forma fundo no qual se encontram presentes cristais de quartzo, geralmente angulosos e dispostos, pelo menos em parte, paralelamente; lembra o aspecto de escrita hebraica, daí a designação que se lhe atribuiu; é também em pegmatitos que mais frequentemente se encontra essa textura (Fig. 2.9);

Fig. 2.9 A textura gráfica resulta do intercrescimento de quartzo e feldspato num padrão geometricamente regular. O quartzo são as inclusões em forma de cunha, distribuídas em alinhamentos paralelos num cristal de feldspato potássico. Esse tipo de textura é comum em pegmatitos
Fonte: Spock (1953).

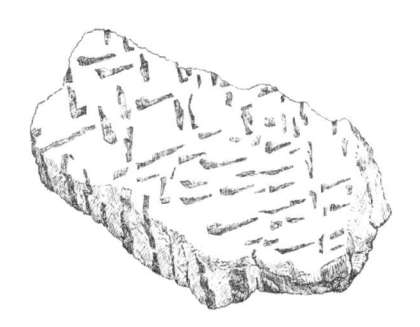

d] *textura orbicular*: é quando a rocha apresenta conjuntos esféricos ou ovoides formados por minerais escuros, ou uns escuros e outros claros, dispostos em zonas concêntricas;

e] *textura ofítica*: designação que vem de ofito, nome dado, originalmente, às rochas esverdeadas cujo aspecto lembra a pele de certos ofídios; a designação "textura ofítica" será aplicada nos casos em que são visíveis macroscopicamente cristais feldspáticos alongados, dispostos em várias direções, notando-se entre eles cristais de piroxênio; é comum nos diabásios (doleritos);

f] *textura perlítica*: é característica de rochas vitrosas denominadas perlitos, formadas por esférulas aproximadamente do tamanho de ervilhas;

g] *textura vesicular*: é comum nas rochas lávicas, e resulta da ação de vapores que se expandem dentro da massa viscosa da lava, dando origem a cavidades de formas sensivelmente esféricas;

h] *textura amigdaloide*: é quando a água, em elevada temperatura e com substâncias dissolvidas, pode originar a formação de minerais nas cavidades acima descritas. A rocha apresenta, então, formações mais ou menos numerosas de formas semelhantes a amêndoas, donde a designação de amigdaloide (Fig. 2.10).

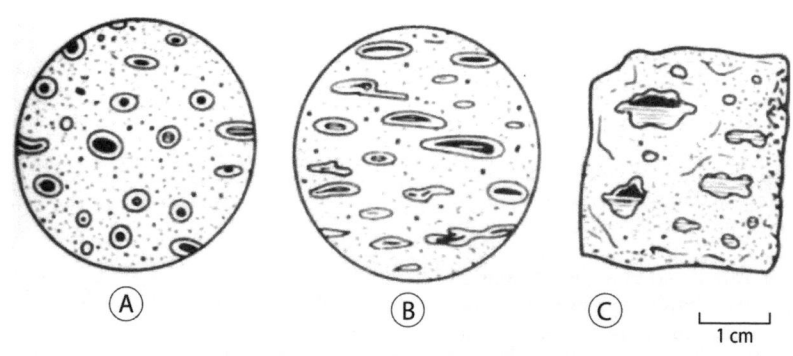

Fig. 2.10 Texturas vesicular e amigdaloide. O fluxo de lava comumente mostra evidências de vesiculação. As vesículas são cavidades nas lavas, e podem ser posteriormente preenchidas com minerais formados a partir de gases e soluções quentes que circulam na rocha. As preenchidos são chamadas amígdalas, e a textura, amigdaloide. (A) A sílica deposita-se nas paredes das vesículas originais, e posteriormente a clorita preenche os espaços remanescentes. (B) As vesículas preenchidas (amígdalas) são achatadas e arrastadas pelo fluxo da lava. (C) Amígdalas e cavidades maiores são preenchidas por sílica
Fonte: adaptado de Billings (1954) e Thorpe e Brown (1996).

2 Rochas ígneas ou magmáticas

2.4.3 Composição química

Quanto à composição química, dependendo do conteúdo de sílica, as rochas ígneas são classificadas em quatro grupos principais: a) *ácidas* (mais de 65% de SiO_2); b) *intermediárias* ou *neutras* (52% a 65% de SiO_2); c) *básicas* (40% a 52% de SiO_2); e d) *ultrabásicas* (com menos de 40% de SiO_2).

A acidez das rochas ígneas é refletida em sua composição mineral. A aparência externa, isto é, sua textura e estrutura, reflete sua origem. A identificação de uma rocha ígnea no campo consiste na determinação de sua textura e composição mineralógica.

O maior ou menor conteúdo de sílica (SiO_2) na rocha é refletido em sua composição mineralógica. A presença de quartzo indica um excesso de sílica no magma, enquanto a presença de feldspatoides indica uma deficiência.

2.4.4 Grau de cristalinidade

Quanto ao grau de cristalinidade da estrutura cristalina, as rochas ígneas podem ser divididas em: a) *holocristalinas*: são rochas compostas totalmente de cristais relativamente grosseiros, como, por exemplo, o granito; b) *vítreas*: são rochas compostas inteiramente de vidro, como, por exemplo, a obsidiana; c) *criptocristalinas*: são rochas compostas de cristais de grãos muito finos; e d) *hipocristalinas*: são rochas compostas de uma parte cristalina e outra amorfa.

2.4.5 Composição mineral

As rochas ígneas, quanto às suas composições mineralógicas, são divididas em félsicas e máficas. As *rochas ígneas félsicas* são aquelas ricas nos minerais feldspatos (ortoclásio e plagioclásio), feldspatoides (nefelina e leucita), quartzo e moscovita.

As *rochas ígneas máficas* são aquelas ricas em minerais ferromagnesianos, como piroxênios, anfibólios, olivinas, óxidos de ferro, apatita e biotita.

Os minerais silicatos são constituídos de estruturas atômicas nas quais diferentes combinações de elementos formadores de cátions estão sempre ligadas ao oxigênio, o que é usado para referir-se às análises mais em termos de óxidos do que de elementos. É interessante notar que na maioria dos grupos minerais ocorre variação na composição, causada pela habilidade das estruturas atômicas de captar diferentes cátions num mesmo lugar; por exemplo, a substituição de ferro por magnésio, ou a substituição entre sódio e cálcio que ocorre em muitos grupos minerais da classe dos silicatos. Na Tab. 2.1 estão listadas as composições químicas típicas de alguns dos principais minerais silicatos em rochas ígneas, em peso por cento.

Tab. 2.1 Composição química de alguns dos principais minerais da classe dos silicatos encontrados em rochas ígneas (em peso por cento)

	SiO_2	Al_2O_3	$FeO + Fe_2O_3$	MgO	CaO	Na_2O	K_2O	H_2O
Minerais félsicos								
Quartzo	100							
Ortoclásio	65	18					17	
Albita	69	19				12		
Anortita	43	37			20			
Moscovita	45	38					12	5
Nefelina	42	36				22		
Minerais máficos								
Olivina	40		15	45				
Piroxênio (augita)	52	3	10	16	19			
Anfibólio (hornblenda)	42	10	21	12	1	1	1	2
Biotita	40	11	16	18			11	4

2.4.6 Cor dos minerais

Quanto à cor dos minerais, as rochas ígneas são denominadas: leucocráticas, melanocráticas e mesocráticas.

Uma *rocha leucocrática* é aquela rica em constituintes de cores claras. O termo *melanocrático* expressa o oposto, isto é, indica uma rocha rica em constituintes com mais de 70% de minerais de cores escuras. *Mesocrática* é a rocha de cores intermediárias entre a leucocrática e a melanocrática, isto é, com 30% a 60% de minerais de cores escuras.

Há similaridades óbvias entre essa classificação, que se dá pelo índice de cor, e a muito usada classificação geoquímica das rochas ígneas em *ácida, intermediária, básica e ultrabásica*, que leva em conta seus conteúdos de sílica.

Essa classificação data do período em que os minerais silicatos eram classificados, erroneamente, como sais ácidos silícicos hipotéticos. Mesmo com os termos ácido, intermediário, básico e ultrabásico sendo definidos exatamente em termos da abundância de SiO_2 nas análises químicas das rochas ígneas (Tab. 2.2), eles também são aplicados livremente no campo; por exemplo, a maioria das rochas félsicas/leucocráticas pode ser descrita como ácida.

A Tab. 2.2 fornece uma comparação fácil dos diferentes termos usados na descrição da cor das rochas ígneas; em geral, é melhor usar os termos leucocrático, mesocrático e melanocrático para descrições de campo. Com o uso de alguns desses critérios, apresenta-se na Tab. 2.3 uma classificação simplificada das rochas ígneas.

Tab. 2.2 SIMILARIDADES ENTRE A VARIAÇÃO DO ÍNDICE DE COR E OS TERMOS GEOQUÍMICOS USADOS PARA A CLASSIFICAÇÃO DE ROCHAS ÍGNEAS

Termo geoquímico	Teor de SiO_2	Variação do índice de cor	Termo descritivo possível
Ácida	> 65%	5 - 25%	Leucocrática ou félsica
Intermediária	52 - 65%	25 - 55%	Mesocrática
Básica	45 - 52%	55 - 85%	Melanocrática ou máfica
Ultrabásica	< 45%	85 - 100%	Melanocrática ou máfica

2.5 TIPOS DE ROCHAS ÍGNEAS OU MAGMÁTICAS

O *granito* é uma rocha constituída de quartzo, feldspato potássico, feldspato calcoalcalino e mica (biotita e/ou moscovita) (Fig. 2.11A).

Tab. 2.3 CLASSIFICAÇÃO SIMPLIFICADA DAS ROCHAS ÍGNEAS

Acidez (teor em sílica)	Cor (predominante)	Minerais indicadores de acidez	Silicatos coloridos	% de minerais coloridos	Condições de formação	Com feldspato				Sem feldspato
						Com feldspato-K		Somente plagioclásio	Com nefelina	
						Predomina feldspato-K	Predomina plagioclásio			
Ácida	Branca	Quartzo	Biotita Hornblenda Piroxênios	5-15%	Intrusiva	Granito	Granodiorito	-	-	-
					Extrusiva	Riólito	Quartzolatito	-	-	-
Intermediária	Cinza	Quartzo (5-10%)	Hornblenda Biotita Piroxênios	15-25%	Intrusiva	Quartzossienito	-	Tonalito	-	-
					Extrusiva	-	-	Dacito	-	-
		Quartzo (ausente)	Hornblenda Piroxênios Biotita	15-25%	Intrusiva	Sienito	-	Diorito	Nefelinas-sienito	-
					Extrusiva	Traquito	-	Andesito	Fonólito	-
Básica	Preta	Olivina (pouca)	Piroxênios Hornblenda Biotita	50%	Intrusiva	-	-	Gabro	-	-
					Extrusiva	-	-	Basalto	-	-
Ultrabásica	Preta ou verde-escura	Olivina (muita)	Piroxênios	100%	Intrusiva	-	-	-	-	Dunito Peridotito Piroxenito
					Extrusiva	-	-	-	-	-

Fonte: adaptado de Pearl (1966).

2 Rochas ígneas ou magmáticas

São rochas que se apresentam, na maioria das vezes, com textura fanerítica granular. Os granitos são as rochas mais abundantes nos escudos continentais, dizendo-se até que esses escudos são graníticos. Como têm muita sílica, os granitos constituem um magnífico exemplo de rochas ácidas. Do ponto de vista da coloração, eles vão desde cores claras até tons de cinza escuros, dependendo do principal feldspato presente. O granito de granulação muito fina, formado principal ou totalmente por quartzo e feldspato, com biotita (e/ou moscovita) ou hornblenda, é chamado de *microgranito*; se ocorre formando veios e sem minerais coloridos, é conhecido como *aplito* (Fig. 2.11B). O de granulação muito grosseira é o *pegmatito* (Fig. 2.11C). Quando rico em biotita, é conhecido como *biotitagranito*; se com biotita e moscovita, diz-se ser um *granito de duas micas*. Se predominar hornblenda, é um *hornblendagranito*, podendo ter um pouco de biotita. Se com textura inequigranular em massa fundamental de grãos médios ou grosseiros e com fenocristais de feldspato, é um *granito-pórfiro* ou *granito porfiroide*.

Fig. 2.11 (A) O *granito* é uma rocha ígnea intrusiva com estrutura maciça e textura fanerítica (granular). É abundante nas áreas continentais. (B) O *aplito* é um tipo de rocha filonar, finamente cristalina e de composição semelhante à do granito de estrutura maciça. (C) O *pegmatito* é uma rocha de composição granítica com estrutura maciça e textura grosseira que ocorre na forma de diques. Vários minerais econômicos são obtidos de alguns tipos de pegmatitos, como os de lítio e de tântalo e gemas minerais

O *riólito* (Fig. 2.12), que é o correspondente extrusivo dos granitos, tem caráter sempre leucocrático e, por conseguinte, grande predomínio de quartzo e feldspato. Sua estrutura é sempre porfirítica, com abundantes fenocristais de quartzo. Às vezes, mostra estrutura de fluxo e cor vermelho-roxa. Os riólitos são também chamados *quartzopórfiros*.

Fig. 2.12 O riólito é uma rocha ígnea extrusiva de estrutura maciça e textura afanítica. É o correspondente extrusivo do granito

O *diorito* (Fig. 2.3A) é uma rocha intermediária com a seguinte composição: feldspato calcossódico, anfibólio, biotita e quartzo (em pequenas percentagens). É fanerítico e, em geral, equigranular. Se contiver quantidade maior quartzo, chama-se *quartzodiorito* (Fig. 2.3B). Ocorre em bossas (*stocks*), apófises e lacólitos. Se contiver fenocristais de plagioclásio, chama-se *diorito-pórfiro*, sendo a proporção de feldspato inferior ou igual à de minerais ferromagnesianos. O correspondente extrusivo dos dioritos é o *andesito* (Fig. 2.3C), que é sempre porfirítico e nunca tem quartzo. Sua identificação macroscópica é fácil. (Nos andesitos, os fenocristais geralmente são de plagioclásio e cristais visíveis de minerais máficos, além de ásperos ao tato.

Fig. 2.13 (A) O diorito é uma rocha ígnea intrusiva composta essencialmente de hornblenda e feldspato calcossódico (plagioclásio), possuindo estrutura maciça e textura fanerítica. (B) o quartzodiorito é um diorito com considerável quantidade de quartzo. (C) O *andesito* é uma rocha ígnea extrusiva, maciça, de textura porfirítica (afanofírica). É o correspondente extrusivo do diorito.

O *tonalito* é um quartzodiorito com mais de 10% de quartzo, contendo biotita e tendo granulação média a grossa. Se a granulação for fina, é designado *microtonalito*. Se a textura for inequigranular, com fenocristais de plagioclásio, é um *tonalito-pórfiro*. A rocha extrusiva correspondente é o *dacito*: uma rocha vulcânica com teor elevado de ferro e, em geral, com fenocristais de quartzo.

O *sienito* é uma rocha quimicamente intermediária, isto é, de pouca sílica, predominando em sua composição feldspato potássico e anfibólio. Possui textura fanerítica, em geral granular. Os sienitos distinguem-se dos granitos pela ausência de quartzo. Se a textura for afanítica, são designados *microssienitos*. Rochas predominantemente leucocráticas, com feldspato cinza-claro a vermelho-tijolo, são muito empregadas em revestimentos, por suas cores agradáveis. Decompõem-se com relativa facilidade, formando um solo muito rico em argila, pela quantidade de feldspato que contêm. Às vezes dão origem a depósitos de bauxita, quando as condições são favoráveis. O anfibólio, em geral, é a hornblenda cuja cor verde-garrafa e clivagem prismática são diagnósticas. Os sienitos com fenocristais de feldspato são chamados *sienitos-pórfiros*. Sua composição é a mesma dos sienitos. Se de granulação fina, é o *microssienito*. Quando um sienito apresenta-se com mais de 5% de quartzo, é designado *quartzossienito*. O correspondente extrusivo do sienito é o *traquito* (Fig. 2.14). Trata-se de rocha vulcânica em que os feldspatos potássicos são tabulares, geralmente, e com arranjos subparalelos envoltos por massa fundamental afanítica, na maioria das vezes porosa e áspera.

Fig. 2.14 Traquito

O *nefelinassienito* (Fig. 2.15A), ou *sienito nefelínico* (sienito com nefelina), é constituído de maneira idêntica ao sienito normal, com as seguintes variações: o anfibólio normalmente é mais sódico e está em geral associado a um piroxênio também sódico (egirinaaugita) e à nefelina. Quase sempre contém como acessório a titanita. O sienito nefelínico de granulação mais ou menos grossa cujo feldspato é, sobretudo, potássico chama-se *foiaíto*. Se a textura for afanítica, a rocha é chamada *microssienito nefelínico*. Se a textura for inequigranular, com fenocristais de feldspato, anfibólio ou nefelina, temos o *nefelinassienito-pórfiro*. O seu correspondente extrusivo é o *fonólito* (Fig. 2.15B). O *tinguaíto* é uma rocha muito próxima do fonólito, ou seja, quando a nefelina é substituída pela leucita, tem-se o tinguaíto. Ele foi descoberto e descrito por Orville Adelbert Derby (1851/1915) com base em amostras procedentes da serra do Tinguá, Estado do Rio de Janeiro.

Fig. 2.15 (A) O nefelinassienito é uma rocha ígnea intrusiva de estrutura maciça e granulação grossa e cor cinza-claro (leucocrática) e formada de feldspatos alcalinos, nefelina e cristais escuros de piroxênio. (B) O fonólito é o correspondente extrusivo do nefelinassienito. É uma rocha de estrutura maciça e granulação fina, mostrando, nesse caso, alteração superficial
Fonte: Abreu (1957).

O *gabro* caracteriza-se pela seguinte composição mineralógica: feldspato calcossódico básico (labradorita), piroxênio (augita) e, como acessório, a magnetita (Fig. 2.16). Quando o piroxênio augita está associado ao piroxênio hiperstênio, a rocha passa a se chamar *norito*. Os gabros são rochas intrusivas de textura fanerítica equigranular, podendo ocorrer variedades com fenocristais – *gabro porfiroide*. Quando formados essencialmente por plagioclásios cálcicos (labradorita) e com pequenas porções de grãos de piroxênios e pequenas massas de magnetita e ilmenita, são chamados de *anortositos*. As rochas de composição semelhante à dos gabros, mas com textura intermediária entre a do gabro (textura fanerítica de granulação média a grossa) e a do basalto (textura afanítica), são os *doleritos* e/ou *diabásios*. Os dois têm textura ofítica, podendo ou não possuir fenocristais. O correspondente extrusivo do gabro é a mais comum das rochas vulcânicas – o *basalto*.

2 Rochas ígneas ou magmáticas

Fig. 2.16 O gabro é uma rocha ígnea intrusiva de estrutura maciça e textura granular. O tamanho dos grãos dos minerais do gabro indica resfriamento lento de magma basáltico em profundidade. Sua cor é escura

O *basalto* é uma lava negra e densa cujas correntes se encontram largamente espalhadas em toda a superfície do globo terrestre (Fig. 2.17A). É constituído principalmente por piroxênio e por feldspato plagioclásio, tão finamente cristalizados que não se pode identificá-los macroscopicamente. Encontra-se também, nele, por vezes, olivina. Se a olivina for constituinte essencial e apresentar-se como fenocristais, a rocha se chamará *olivinabasalto*. No total,

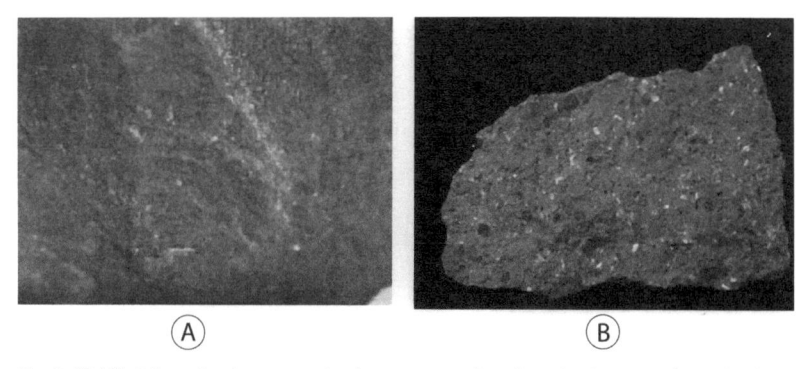

Fig. 2.17 (A) O basalto é uma rocha ígnea extrusiva de estrutura maciça e textura afanítica (granulação finíssima a fina) de cor escura. (B) O meláfiro é um basalto com textura vesicular e/ou amigdaloide. Os minerais que em geral preenchem as cavidades do basalto são: quartzo, calcita, clorita e zeólitas

o basalto é constituído de feldspato e de minerais ferromagnesianos em partes iguais. A cor varia de negro absoluto a um cinzento-escuro um pouco esverdeado. O *meláfiro* é um basalto de textura vesicular e/ou amigdaloide, isto é, rico em vesículas que podem ser preenchidas, posteriormente, por calcita ou zeólitas (Fig. 2.17B).

A rocha ígnea constituída principalmente de olivinas e piroxênio é chamada *peridotito* (Fig. 2.18A). Quando ela consiste quase inteiramente de olivina, é chamada *dunito* (Fig. 2.18B). Quando o piroxênio é o único mineral essencial, a rocha é chamada *piroxenito* (Fig. 2.18C).

Uma variedade de peridotito contendo diamante é chamada *quimberlito*. As rochas extrusivas equivalentes são extremamente raras.

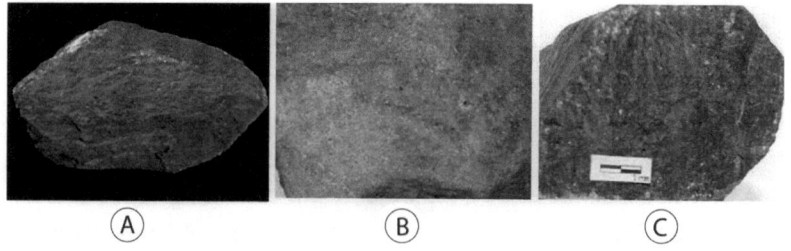

Fig. 2.18 (A) O peridotito é uma rocha ígnea intrusiva com estrutura maciça, textura granular e composta essencialmente por minerais máficos, sendo, portanto, de cor escura. (B) O dunito é um peridotito só com olivina.
(C) O piroxenito é uma rocha ígnea intrusiva com piroxênio (augita) ou com predomínio de piroxênio em sua composição

Rochas sedimentares 3

As rochas sedimentares são as que se formam à superfície da crosta terrestre pela ação da água, vento ou gelo, e cujo material, geralmente, é extraído das rochas preexistentes por processos mecânicos ou químicos. Em nenhum momento durante a sua formação existiram temperaturas ou pressões especialmente altas, e suas constituições mineralógicas e aparências físicas refletem esse fato. Rochas sedimentares são acumulações acamadas de sedimentos, que são fragmentos de rochas ou minerais de granulação fina a grosseira, matéria química precipitada ou material de origem animal ou vegetal. Nos interstícios dos sedimentos, em geral, deposita-se um cimento, mas alguns permanecem inconsolidados. O acamamento em rochas sedimentares é normalmente paralelo à superfície da Terra; se as camadas formam altos ângulos com a superfície ou estão dobradas ou quebradas, alguma espécie de movimento ocorreu desde que elas foram depositadas.

Visualizar a formação de rochas sedimentares é mais fácil do que a de rochas ígneas e metamórficas, porque parte do processo ocorre em torno de nós, incessantemente. Camadas de areia e cascalho, que se depositam nas praias ou nos rios, formam arenitos e conglomerados.

Fundamentalmente, as rochas sedimentares são caracterizadas pela presença de fósseis, e podem ser classificados segundo sua textura, composição mineralógica, granulometria e cor.

A presença de fósseis é suficiente para provar a origem sedimentar de uma rocha, uma vez que sua presença é motivada pelo modo de formação dessas rochas.

3.1 Origem

As rochas sedimentares são compostas de material derivado da desagregação e decomposição, por intemperismo e erosão, de rochas ígneas, sedimentares ou metamórficas mais antigas. Os materiais sedimentares pertencem a duas categorias:

a] *matéria mineral dissolvida,* que é precipitada por agentes inorgânicos ou orgânicos;
b] *fragmentos sólidos* ou *sedimentos,* que se acumulam para tornar-se corpo da rocha.

A matéria que está dissolvida na água pode ser removida por dois meios principais:
a] *por processos químicos inorgânicos,* tornando-se um precipitado químico ou inorgânico; entre as soluções lixiviadas da Terra, que são particularmente abundantes, estão o cloreto de sódio (NaCl), o sulfato de cálcio ($CaSO_4$), o carbonato de cálcio ($CaCO_3$) e compostos de fósforo, bário, manganês e ferro;
b] *pela ação de plantas e animais,* tornando-se um precipitado orgânico (ou biogênico); consiste na extração de compostos químicos como SiO_2, $CaCO_3$ e P da água doce ou de mar, para desenvolvimento dos suportes e estruturas protetoras duras dessa matéria, como ossos, conchas e dentes; outros organismos causam reações químicas para ocorrer, o que parece ser o caminho ordinário de processos inorgânicos.

É muito difícil determinar de que modo uma dada rocha sedimentar foi realmente formada. Os fragmentos sólidos ou sedimentos clásticos originam-se da desagregação mecânica das rochas ou são resíduos sólidos resultantes dos processos de intemperismo químico. Eles são classificados de acordo com a granulação predominante das partículas que os constituem, isto é, com base no tamanho dos fragmentos. O nome *cascalho* é atribuído a um sedimento com grãos predominantes com diâmetros superiores a 2,00 mm. *Seixo* é o nome que se aplica a um fragmento de rocha ou mineral transportado pela água, que lhe arredonda as arestas; sua dimensão fica entre 2,00 mm e 20,00 mm (Fig. 3.1). O fragmento com dimensão entre 20,00 mm e 200,00 mm, é o *calhau.* Os fragmentos maiores são denominados *matacões* (*boulders,* em inglês). O sedimento com granulometria entre 0,02 mm e 2,00 mm é denominado *areia.* O material mais comum nessa granulometria é o mineral quartzo. O sedimento com granulometria entre 0,002 mm

3 Rochas sedimentares

Fig. 3.1 Fragmentos arredondados (seixos). Grãos soltos que, se reunidos por um cimento e uma matriz fina, darão origem a um conglomerado

e 0,02 mm é o *silte*; aqueles com granulometria inferior a 0,002 mm constituem a classe *argila*. A Fig. 3.2 mostra uma carta para comparação do tamanho dos grãos de um sedimento ou de uma rocha sedimentar clástica. O procedimento para usar esse gráfico consiste em colocar a amostra (grãos do sedimento ou partículas da rocha) na parte central do círculo (interior do círculo menor) e comparar o tamanho do grão ou partícula com aqueles especificados no gráfico. O uso de uma lupa de bolso facilita a visualização. A Tab. 3.1 mostra uma classificação dos sedimentos clásticos pelo tamanho das partículas em milímetro, bem como o nome das frações inconsolidadas e das classes de rochas que predominam em cada uma dessas frações de sedimentos.

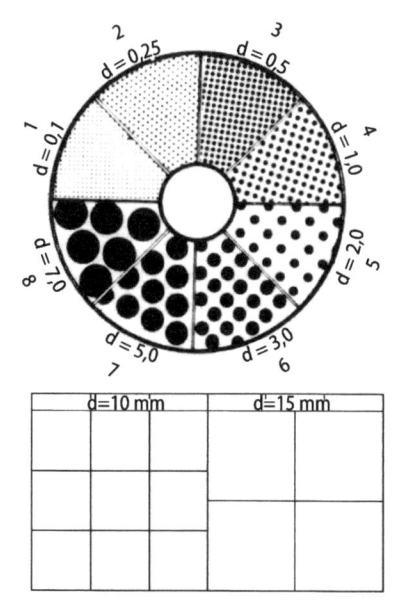

Fig. 3.2 Carta para determinação do tamanho de partículas de sedimentos

Tab. 3.1 Classificação dos sedimentos e rochas sedimentares clásticos com base no tamanho dos grãos

Tamanho das partículas em mm	Grupo de sedimentos	Nome da fração inconsolidada (sedimento)		Classe de rochas	Nome de rochas da classe
> 200	Macroclástico	Matacão ou bloco	Cascalho	Rudito	Conglomerado (grãos arredondados) e brecha (grãos angulosos)
200 – 20		Calhau			
20 – 2		Seixo			
2 – 0,02	Mesoclástico	Areia		Arenito	Arenito e arcóseo
0,02 – 0,002	Microclástico	Silte		Lutito	Siltito
< 0,002		Argila			Argilito e folhelho

3.2 Processos

Os materiais sedimentares tornam-se rochas compactas pelos seguintes processos: compactação, cimentação, recristalização e alterações químicas.

A *compactação* consiste na diminuição do volume e redução da porosidade de um corpo, com consequente aumento da densidade do sedimento pela ação da carga. Quanto maior a compactação do pacote sedimentar, maior a sua densidade. A compactação dos sedimentos finos (argilas) é maior do que a dos sedimentos grosseiros (areia e cascalhos).

A *cimentação* é um processo diagenético que consiste na deposição de cimento (material que une os grãos de uma rocha consolidada) nos interstícios dos sedimentos incoerentes, do que resulta a consolidação destes; as substâncias cimentantes mais comuns são: carbonato de cálcio (cimento calcário), sílica (cimento silicoso), óxido de ferro (cimento ferruginoso), argila, gipso etc.

A *recristalização* é um processo que permite que pequenos cristais cresçam em cristais maiores (e mais resistentes), ou que novos minerais se formem nos espaços abertos entre eles; a substituição poderá, mais tarde, substituir por minerais novos e mais estáveis os formados mais cedo.

As *alterações químicas* incluem a redução especialmente de compostos de ferro por matéria orgânica; a destilação destrutiva de matéria orgânica; e as atividades de bactérias e animais fuçadores (que moram no fundo).

Esse conjunto de modificações químicas e físicas sofridas pelos sedimentos, desde a sua deposição até a sua consolidação, recebe o nome de *diagênese* (Fig. 3.3). Nesse processo, os sedimentos são transformados em rochas sedimentares. A diagênese é caracterizada, de modo geral, pelo fato de as condições de temperatura e pressão serem semelhantes às existentes na superfície terrestre, sendo, assim, um processo que ocorre a baixas temperaturas (até 65 °C). Excluem-se da diagênese os processos de intemperismo e de metamorfismo.

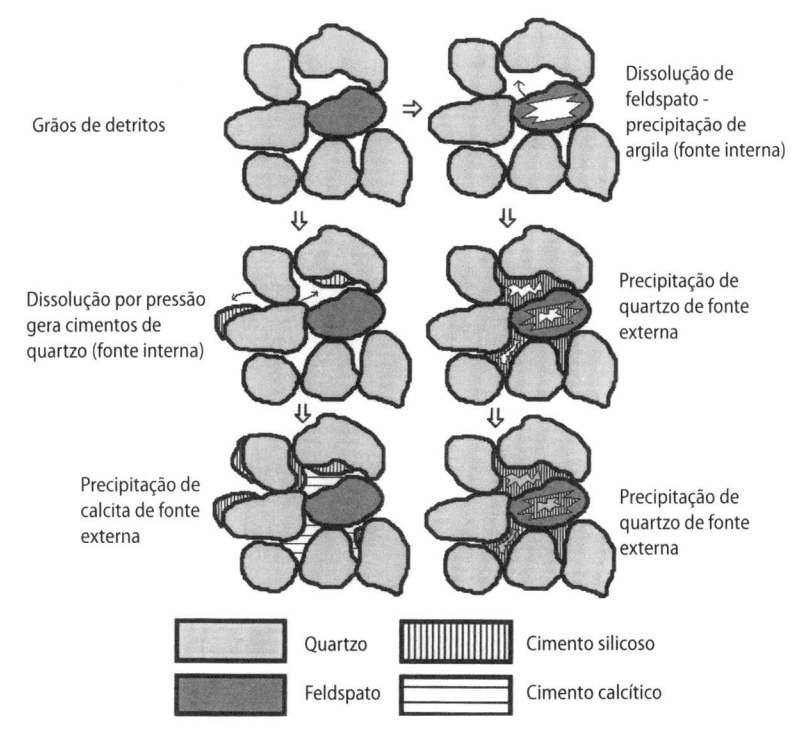

Fig. 3.3 Diagênese de arenitos. Alguns exemplos de diferentes fontes externas e internas de cimento, que é o material que une os grãos de uma rocha sedimentar clástica

3.3 Características
3.3.1 Textura

A textura é o tamanho absoluto ou relativo dos constituintes dos sedimentos e/ou das rochas sedimentares.

As rochas sedimentares são divididas, quanto à textura, para fins de reconhecimento macroscópico, em *rochas sedimentares clásticas* (ou fragmentárias), *não clásticas* (ou cristalinas ou químicas), *amorfas, oolíticas* e *bioclásticas*. As rochas sedimentares com textura clástica são as formadas de fragmentos de rochas e/ou minerais. O tamanho dos grãos individuais é um dos principais meios de distinção das rochas sedimentares que se apresentam com esse tipo de textura. As com textura cristalina consistem de cristais que se tangenciam mutuamente, moldando-se de tal forma que não existe espaço poroso intergranular visível. Se os cristais individuais são menores que 0,25 mm, a rocha terá uma textura densa (grãos indistinguíveis macroscopicamente). Uma textura muito densa é aquela encontrada nas rochas sedimentares compostas de material não cristalino muito fino depositado por precipitação química. Essas rochas são ditas de textura amorfa. A textura oolítica, formada por grãos concrecionários, semelhantes a ovas de peixe, é comum nas rochas sedimentares compostas de carbonato de cálcio e/ou sílica reunidos por cimento numa rocha coerente. A textura bioclástica é produzida pela aglomeração de fragmentos de restos orgânicos, em geral fragmentos de conchas e vegetais. Essas rochas são ditas fossilíferas. Alguns tipos de texturas sedimentares são apresentados na Fig. 3.4.

3.3.2 Estruturas

As estruturas sedimentares são feições que ocorrem nos sedimentos ou são compostas por eles, e apresentam uma forma ou arranjo interno definido e característico. Uma das principais características das rochas sedimentares é a estratificação, isto é, o arranjo em forma de *lâminas* (até 0,5 cm), *estratos* (entre 0,5 cm e 2,0 cm) e *camadas* (acima de 2,0 cm). A estratificação é observada por mudança de litologia ou por uma quebra física. Assim, por exemplo, variações na cor dos sedimentos, no tamanho das partículas ou na composição mineral evidenciam planos de estratificação.

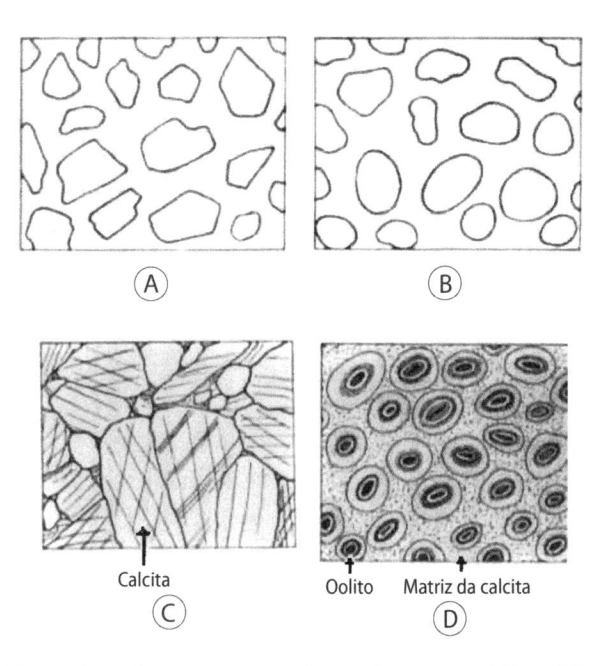

Fig. 3.4 Alguns tipos de texturas em rochas sedimentares. (A) e (B) *Textura clástica* ou *fragmentária*. Em (A), grãos angulosos mostrados por uma rocha sedimentar da classe dos ruditos (brecha). Em (B), grãos arredondados mostrados por uma rocha sedimentar da classe dos ruditos (conglomerado). (C) *Textura cristalina* resultante da precipitação da matéria mineral dissolvida. (D) *Textura oolítica* formada por grãos concrecionários envolvidos por um cimento
Fonte: adaptado de Bigarella et al. (1985).

3.3.3 Composição mineral

Os constituintes minerais de muitas rochas sedimentares não podem ser identificados porque os minerais ocorrem em tamanhos microscópicos. Por isso, devem-se fazer testes para dureza e composição química para identificar a substância primária da qual a rocha sedimentar é composta. As seguintes substâncias são comuns nas rochas sedimentares: sílica (grãos de quartzo, *chert* – forma de sílica microcristalina densa –, diatomito); carbonatos (calcita e dolomita); minerais de argila (caulinita); evaporitos (halita, gipso); fragmentos de rochas, animais e vegetais.

3.3.4 Cor

As cores nas rochas sedimentares podem ser primárias ou secundárias. Procure sempre verificá-las. As rochas arenáceas tendem a ser em tons claros, de cinza-claro a vermelho e amarelo; as rochas argiláceas tendem a ser cinza, esverdeadas e amareladas a escuras e pretas, de acordo com a taxa de matéria orgânica. As cores podem indicar o ambiente de formação das rochas sedimentares. Cores avermelhadas normalmente, estão associadas à oxidação; cores escuras, a ambiente redutor e/ou à presença de matéria orgânica.

3.4 Tipos de rochas sedimentares

As rochas sedimentares são classificadas de acordo com a natureza do processo que predominou durante sua formação. Quando predominam processos mecânicos, as rochas sedimentares formadas são ditas *clásticas* ou *fragmentárias*. Quando predominam processos de precipitação da matéria mineral dissolvida, as rochas sedimentares resultantes são ditas *não clásticas* ou *químicas* (Fig. 3.5). A predominância de um ou outro desses processos determina o tipo de rocha formado em cada depósito sedimentar. Os depósitos não consolidados são *sedimentos*, e os depósitos consolidados são *rochas sedimentares*, nas quais a solidificação se processou sem maiores alterações físicas ou químicas. Esse processo chama-se *diagênese* (Fig. 3.3).

Os principais tipos de rochas sedimentares estão representados no Quadro 3.1. Elas podem ser clásticas ou não clásticas.

As *rochas sedimentares clásticas* incluem os *conglomerados,* que são rochas formadas por fragmentos arredondados e de tamanho superior a 2,00 mm, reunidos por um cimento (Fig. 3.6A). Quando os fragmentos que compõem a rocha são angulosos, ela é denominada *brecha*. A *brecha de tálus* origina-se de depósitos consolidados de sopé de escarpas. O material dos depósitos é produzido por efeito da gravidade sobre fragmentos soltos da encosta íngreme. Se a sua origem estiver relacionada com gelo e apresentar seixos facetados em matriz argilosa, passa a ser denominada *tilito*. Se os fragmentos predominantes são de conchas, a rocha é denominada *coquina* (Fig. 3.6B).

Os arenitos são rochas sedimentares clásticas formadas por fragmentos de granulação inferior a 2,00 mm e maior que 0,02 mm.

Rochas sedimentares

```
Rochas preexistentes submetidas à ação do intemperismo
        ↙                                      ↘
Intemperismo físico                    Intemperismo químico
        ↓                              ↙              ↘
Fragmentos de minerais e rochas   Produtos insolúveis  Produtos solúveis
        ↓                              ↓                    ↓
Removidos mecanicamente e depositados          Removidos em solução por
                                                correntes e depositados
        ↙                          ↘                       ↓
Rochas sedimentares        Rochas sedimentares      Rochas sedimentares
    clásticas                    químicas                orgânicas
```

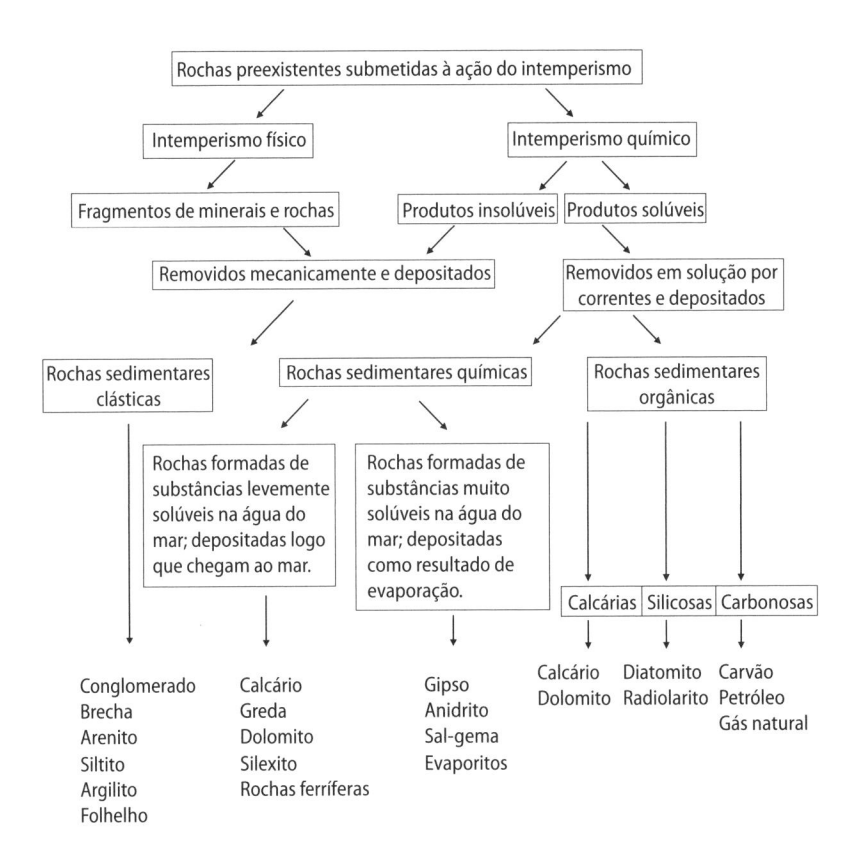

- Rochas formadas de substâncias levemente solúveis na água do mar; depositadas logo que chegam ao mar.
- Rochas formadas de substâncias muito solúveis na água do mar; depositadas como resultado de evaporação.

| Calcárias | Silicosas | Carbonosas |

Clásticas	Levemente solúveis	Muito solúveis	Calcárias	Silicosas	Carbonosas
Conglomerado	Calcário	Gipso	Calcário	Diatomito	Carvão
Brecha	Greda	Anidrito	Dolomito	Radiolarito	Petróleo
Arenito	Dolomito	Sal-gema			Gás natural
Siltito	Silexito	Evaporitos			
Argilito	Rochas ferríferas				
Folhelho					

Fig 3.5 As rochas sedimentares resultam do material derivado do intemperismo físico (desagregação) e químico (decomposição) de minerais e rochas preexistentes
Fonte: adaptado de Branson et al. (1952).

Quando os grãos que constituem a rocha são predominantemente de quartzo, ela é conhecida como *arenito*, independentemente de os grãos serem angulosos ou arredondados (Fig. 3.7). Se o cimento que une os grãos for fraco, o arenito torna-se friável; se o cimento for forte, a rocha é um *arenito silicificado*. Se, além do quartzo, grãos de feldspato também estiverem presentes, mesmo caulinizados, a rocha passa a ser denominada *arcóseo*. Caso sejam abundantes os fragmentos de conchas e outros organismos de composição carbonática, a rocha é denominada *calcarenito*.

Quando as partículas predominantes são inferiores a 0,02 mm, podem ser formadas rochas sedimentares clásticas como o siltito, o folhelho etc. O *siltito* é uma rocha de granulação muito fina em que mais de 50% das partículas são do diâmetro do silte (partículas de diâmetros entre 0,02 mm e 0,002 mm). O *folhelho* é uma rocha constituída de menos de 50% de silte e com xistosidade, isto é, com tendência a dividir-se em folhas segundo a estratificação (Fig. 3.8A). O *argilito* é uma rocha argilosa muito firmemente endurecida e desprovida de clivagem (Fig. 3.8B). O sedimento eólico consolidado, de granulação fina e homogênea, praticamente isento de estratificação, é denomi-

Quadro 3.1 Principais tipos de rochas sedimentares

Tipo de sedimento	Tamanho das partículas Composição mineralógica ou química		Origem	Rocha
Clástico	Partículas grosseiras ou mistas > 2,00 mm	Arredondada		Conglomerado
		Angulosa		Brecha
			Depositado pelo gelo	Tilito
			Depósito de tálus	Brecha de tálus
		Conchas		Coquina
	Partículas médias ou pequenas < 2,00 mm	Principalmente de quartzo		Arenito
		Com muito feldspato e quartzo		Arcóseo
		Conchas		Calcarenito
	Partículas indistinguíveis < 0,02 mm	Areia de quartzo fina		Siltito
			Depositado pelo vento	Loessito
		Lama (quartzo e argila muito fina)	Depositado pelo gelo	Varvito
				Argilito e folhelho
		Argila		Folhelho e marga

Quadro 3.1 Principais tipos de rochas sedimentares (cont.)

Tipo de sedimento	Tamanho das partículas Composição mineralógica ou química	Origem	Rocha
Não clástico	Carbonato de cálcio		Calcário
		Depósito de fontes	Travertino
	Carbonato de cálcio e magnésio		Dolomito
	Sílica		*Chert* e diatomito
		Depósito de fontes quentes	Geiserita
	Carvão vegetal		Carvão
	Sal		Evaporito
	Fósforo		Fosforito
		Depósito de fezes de animais	Guano

Fonte: adaptado de Pearl (1966).

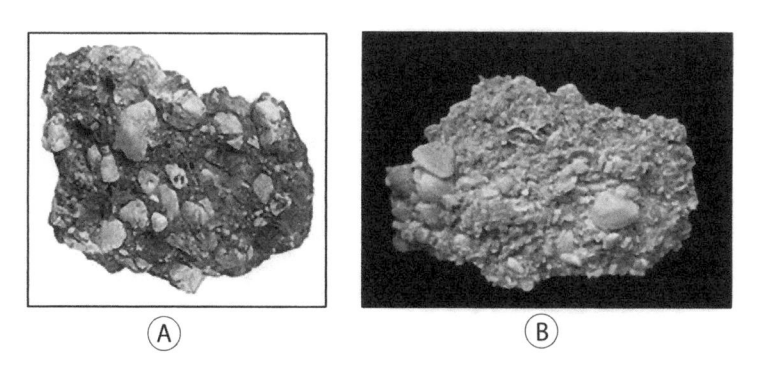

Fig. 3.6 (A) O conglomerado é uma rocha sedimentar clástica. Nem sempre a estrutura orientada é visível em amostra de mão. (B) A coquina é uma rocha sedimentar bioclástica formada pelo acúmulo de conchas de moluscos

nado de *loessito*. Da sedimentação rítmica, processada no fundo de lagos glaciais, temos o *varvito* (Fig. 3.9). A marga é uma mistura de argila com calcita em quantidades quase iguais (Fig. 3.8C).

Fig. 3.7 O arenito é uma rocha sedimentar clástica constituída, essencialmente, de grãos de quartzo do tamanho da areia (0,02 mm a 2,00 mm). Pode ser de estrutura maciça ou orientada (em camadas)

Entre as *rochas sedimentares não clásticas*, temos o *calcário*, rocha sedimentar de origem química, composto essencialmente de carbonato de cálcio, e o *dolomito*, um mesmo tipo de rocha em que a composição química é a do mineral dolomita (carbonato de cálcio e magnésio). O *travertino* é um calcário que se deposita em águas de fontes frias ou quentes, sob condições atmosféricas (Fig. 3.10). Se o depósito é poroso, é chamado *tufo calcário*.

O *silexito* é uma rocha silicosa compacta composta de opala, calcedônia e quartzo criptocristalino ou microcristalino, ou de uma mistura deles (Fig. 3.11). É o mesmo que *chert*. Se for constituído de restos de diatomáceas, chama-se *diatomito*. Restos de diatomáceas não consolidadas formam as *terras diatomáceas*. O material opalino depositado por fontes termais em algumas regiões vulcânicas é conhecido por *geiserita* ou *sínter silicoso*.

O *carvão mineral* é formado pela decomposição parcial de restos vegetais com enriquecimento em carbono. Os tipos de trans-

(A) (B) (C)

Fig. 3.8 (A) O folhelho é uma rocha sedimentar clástica constituída, essencialmente, de partículas do tamanho da argila (menor que 0,002 mm) e com um pouco de matéria orgânica. Sua estrutura é orientada em planos e linhas.
(B) O argilito é uma rocha sedimentar clástica constituída de argila endurecida. Pode ser de estrutura maciça ou orientada. (C) A marga é uma mistura de argila com calcita em quantidades quase iguais

3 Rochas sedimentares

Fig. 3.9 Varvito é uma rocha sedimentar de origem glacial lacustre composta por uma sucessão de camadas argilosas, siltosas e de matéria orgânica, que indicam ciclos anuais e possuem espessuras milimétricas até centimétricas. Afloramento do Parque de Itu/SP
Foto: Leonardo Kurcis.
Disponível em: <http://www.leonardokurcis.com.br/Itu-Parq.Varvito0008.jpg>.

Fig. 3.10 Travertino é um calcário precipitado em fontes. Trata-se de uma rocha compacta composta de calcita ($CaCO_3$). Uma das rochas comuns na Bacia Calcária de São José. (Itaboraí/RJ)

Fig. 3.11 O silexito é uma rocha sedimentar não clástica de granulação finíssima a fina, fratura conchoidal, dura, composta de calcedônia e, às vezes, sílica opalina

formações sofridas pela matéria orgânica no processo de formação do carvão mineral estão descritos na Fig. 1.2.

Os *evaporitos* são rochas resultantes da precipitação de sais dissolvidos quando uma solução salina se evapora. Precipitam-se em uma ordem definida: o menos solúvel primeiramente, o mais solúvel por último. O *gipso*, a *anidrita* e o *sal-gema* são os evaporitos mais comuns.

Os *fosforitos* são rochas sedimentares ou sedimentos em que o constituinte principal é a variedade criptocristalina da apatita, chamada *colofânio* (*colófana*). Os depósitos fosfatados formados por restos orgânicos são denominados *guanos*.

Rochas metamórficas 4

As rochas metamórficas são formadas quando os minerais das rochas preexistentes são mudados, física e/ou quimicamente, sob a influência de temperaturas e/ou pressões nas quais eles são instáveis. As mudanças que as rochas e os minerais que as constituem sofrem são denominadas metamorfismo. Essas condições de mudança geralmente ocorrem em determinados ambientes geológicos abaixo da superfície da Terra.

A transformação, ou metamorfismo, é o resultado de uma mudança no meio geológico, no qual a estabilidade das rochas pode ser mantida simplesmente por uma mudança correspondente na sua forma. O metamorfismo é caracterizado pelo desenvolvimento de novas texturas ou de novos minerais, ou dos dois. Tais características são tão diferentes das anteriores que, na maioria das vezes, é difícil determinar a natureza da rocha original.

As novas texturas são produzidas por recristalização, por meio da qual os minerais crescem em cristais maiores e geralmente emprestam à rocha uma aparência laminada, conhecida como *foliação*, que pode ser bandeada ou ondulada. Os novos minerais são criados por recombinação dos componentes minerais ou reações com fluidos que entram nas rochas.

O metamorfismo pode ocorrer com maior ou menor intensidade em função das temperaturas e pressões a que a rocha é submetida, o que, até certo ponto, é função também da profundidade em que o fenômeno ocorre.

Se uma argila é depositada, ela passa, inicialmente, pelo processo de diagênese (litificação) e se transforma num argilito (rocha sedimentar). Com as condições de temperatura e pressão aumentando, progressivamente o argilito se transformará numa ardósia (rocha metamórfica) e, em seguida, num filito (rocha metamórfica). A ardósiai e o filito possuem granulação bastante fina e são formadas principalmente por minerais micáceos muito pequenos, quase imperceptíveis, tendo um grau de metamorfismo baixo. Quando os minerais micáceos e outros começam a ser bem visíveis macroscopicamente, formam-se os xistos (micaxistos). Essas rochas são ditas de grau metamórfico intermediário. Logicamente, com o contínuo aumento da pressão e da temperatura, são formados os gnaisses, nos quais são característicos minerais como feldspatos, silimanita, granada etc. São rochas de grau metamórfico alto.

Se as condições de temperatura e pressão são extremas, com fusão parcial da rocha, diz-se que se atingiu o ultrametamorfismo, e as rochas formadas são migmatitos, com aspecto intermediário entre rochas metamórficas e rochas ígneas. Migmatito é, então, uma rocha megascopicamente composta, consistindo de duas ou mais partes diferentes petrograficamente. Uma parte é a rocha regional, num estágio mais ou menos metamórfico; a outra é de aparência pegmatítica, aplítica, granítica ou geralmente plutônica. Isso pode ser visto em afloramento, em estudos do modo de ocorrência geológica ou modo de jazida. Se houver a fusão total da rocha, forma-se magma, o qual dará início ao processo de formação de rochas ígneas. Os campos aproximados de pressão e temperatura dos vários tipos de metamorfismo estão mostrados na Fig. 4.1.

4.1 Fatores e espécies de metamorfismo

As mudanças mais drásticas envolvidas no metamorfismo são os *efeitos do calor, pressão e fluidos* atuando ao mesmo tempo. O calor de dentro da Terra e de corpos de rochas fundidas, bem como de pressão e fricção, acelera a atividade química. A pressão pode aumentar por um simples afundamento, mas os movimentos da crosta são mais efetivos em alterar texturas. A água e o gás asseguram a mobilidade para as mudanças se processarem e podem carrear elementos de um magma próximo para facilitar as mudanças químicas.

De acordo com os fatores envolvidos, as rochas metamórficas dividem-se em três grupos: as rochas formadas por metamorfismo regional, de deslocamento (ou cinético), e de contato.

O *metamorfismo regional* resulta do agrupamento profundo das rochas, tal como o que ocorre quando os sedimentos são afundados em um geossinclíneo. É desenvolvido em áreas de muitos milhares de quilômetros quadrados nas regiões profundas de montanhas

4 Rochas metamórficas

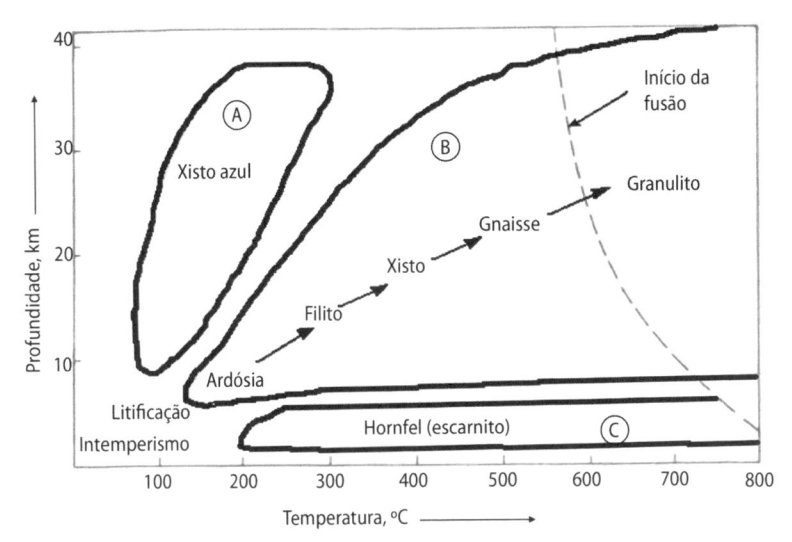

Fig. 4.1 Gráfico mostrando os campos aproximados de pressão e temperatura dos vários tipos de metamorfismo. Estão indicados os principais tipos de rochas resultantes. (A) Campo do metamorfismo de alta pressão e baixa temperatura; (B) campo de metamorfismo regional; e (C) campo de metamorfismo de contato
Fonte: adaptado de Sawkins et al. (1974).

dobradas e em terrenos pré-cambrianos. O processo de metamorfismo se desenvolve numa faixa de 200 °C a 1.000 °C e em pressões de 100 atm a 10.000 atm.

O *metamorfismo de deslocamento* se refere às mudanças produzidas por falhamento e dobramento da crosta, usualmente em regiões pouco profundas. A força de esmagamento frequentemente dá às rochas envolvidas uma estrutura quebrada ou cataclástica, associada com falhas. A pressão confinada em maiores profundidades é suficiente, nessas condições, para produzir uma rocha finamente pulverizada e recristalizada, o *milonito* (Fig. 4.2).

O *metamorfismo de contato* engloba os efeitos complexos resultantes da intrusão de um magma na rocha encaixante, que provoca nela uma alteração maior ou menor. Esses efeitos alcançam sua intensidade máxima em torno dos limites superiores dos batólitos, especialmente em calcários adjacentes, nos quais os fluidos intrusivos são mais corrosivos. Reconhecem-se duas espécies de metamorfismo de contato: termal e hidrotermal.

Fig. 4.2 O milonito surge quando rochas de grandes profundidades, em áreas de movimentos tectônicos, são submetidas a pressões muito fortes. O atrito entre as duas faces de rocha esmaga e estica os minerais, formando bandas características

O *termal* é decorrente do aquecimento da rocha encaixante pela intrusão da rocha ígnea. Consideremos, por exemplo, um calcário puro (rocha sedimentar) submetido a esse tipo de metamorfismo. Ele se recristaliza e se transforma em mármore (rocha metamórfica), mas sem qualquer desenvolvimento de novas espécies minerais:

Calcário (puro) → **metamorfismo** → **Mármore**
$CaCO_3$ → $CaCO_3$

Num outro exemplo, consideremos um calcário ou um dolomito com impurezas. O calor provocado pela intrusão da rocha ígnea pode servir para desenvolver minerais novos e característicos nela.

Calcário com impurezas → **metamorfismo** → **Mármore**
Calcita + quartzo → calcita + wollastonita
$2CaCO_3 + SiO_2$ → $CaCO_3 + CaSiO_3 + CO_2$

Dolomito com impurezas → **metamorfismo** → **Dolomita-Mármore**
Dolomita + quartzo → Dolomita + diopsídio
$2CaMg(CO_3)_2 + 2SiO_2$ → $CaMg(CO_3)_2 + CaMg(Si_2O_6) + 2CO_2$

E há o *hidrotermal*, em que as soluções emanadas da rocha ígnea, assim como o calor, reagiram com a rocha encaixante e formaram os minerais metamórficos de contato. Nesse caso, o metamorfismo resulta da percolação de soluções quentes ao longo de fraturas e espaços intergranulares das rochas, sendo um importante processo gerador de depósitos minerais em veios ou filões.

4.2 CARACTERÍSTICAS
4.2.1 Textura

Muitas rochas metamórficas exibem, em razão do seu modo de formação, uma determinante pela qual os minerais estão orientados (alinhados). Para fins de reconhecimento macroscópico serão distinguidas as seguintes texturas para as rochas metamórficas: granoblástica, porfiroblástica e cataclástica. Existem, porém, vários outros termos designativos de tipos de texturas metamórficas.

A *textura granoblástica* é caracterizada pelo arranjo desordenado, sem orientação preferencial, dos cristais da rocha. É uma textura típica de mármores, rochas de metamorfismo de contato, granulitos, quartzitos etc.

A *textura porfiroblástica* é caracterizada pela presença de grandes cristais (porfiroblastos) desenvolvidos em meio a uma massa de cristais menores (massa fundamental). Os cristaloblastos comuns são: feldspato potássico, granada, estaurolita etc. (Fig. 4.3).

A *textura cataclástica* é formada pela fragmentação e moagem das rochas ao longo de zonas de grandes falhas. Ela é caracterizada pela presença de pedaços de rochas e minerais, fragmentados e deformados, envoltos frequentemente por material finamente moído, e pela presença de minerais típicos desse ambiente.

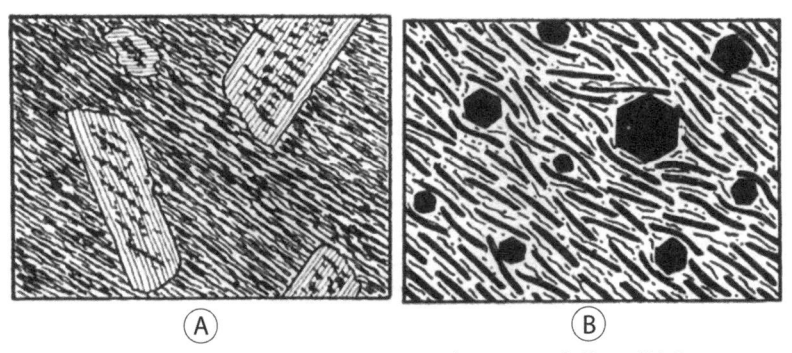

Fig. 4.3 Textura porfiroblástica, comum em rochas metamórficas. (A) Estrutura paralela mostrando cristais desenvolvidos posteriormente à foliação, cortando a xistosidade e retendo restos dos minerais iniciais como inclusões. (B) Estrutura paralela mostrando minerais adjacentes curvados em torno dos porfiroblastos de granada, cuja cristalização força os lados e curva as micas encaixantes
Fonte: adaptado de Spock (1953).

4.2.2 Estrutura

As rochas metamórficas geralmente possuem uma aparência laminada, conhecida como foliação, que pode ser bandeada ou xistosa (ondulada). A foliação ou estrutura foliácea decorre da habilidade da rocha de se separar ao longo de superfícies aproximadamente paralelas pela distribuição paralela das camadas ou linhas de um ou vários minerais conspícuos da rocha.

O *bandeamento*, ou *estrutura bandeada*, é caracterizado pela alternância de bandas ou faixas escuras (com biotita e anfibólios, principalmente) e claras (quartzofeldspáticas) de minerais. Esse tipo de estrutura pode ser também chamado de *estrutura gnáissica*; é típica dos gnaisses.

A *xistosidade*, ou *estrutura xistosa*, é própria das rochas metamórficas e muito frequente entre elas. É caracterizada pelo arranjo paralelo de lamelas de micas ou outros minerais tabulares (textura lepidoblástica), produzindo uma partição mais ou menos planar da rocha (como em filitos e xistos). Nas rochas de granulação mais fina (ardósias), é definida segundo planos regulares (clivagem ardosiana).

O arranjo linear de elementos de rochas chama-se *lineação*. Ela pode ser causada pelo arranjo paralelo de cristais prismáticos (hornblenda) ou de outros elementos lineares (eixos de dobras, interseção de diferentes xistosidades ou outros planos).

4.2.3 Composição mineral

A constituição mineralógica, por si só, pode ser indicadora do tipo de rocha metamórfica. Os minerais particularmente característicos de rochas metamórficas são: cianita, andaluzita, estaurolita, wollastonita, tremolita, actinolita, granadas, clorita, serpentina, talco e epídoto. Outros minerais comuns nas rochas metamórficas são: quartzo, feldspatos e micas (moscovita e biotita), os quais não servem como indicadores de ambiente metamórfico.

4.3 TIPOS DE ROCHAS METAMÓRFICAS

O produto específico que resulta do metamorfismo depende do caráter da rocha original, dos tipos de processo de metamorfismo envolvidos e da intensidade com a qual eles tenham operado. O Quadro 4.1 apresenta os principais tipos de rochas metamórficas derivadas de rochas ígneas (ortoderivadas ou ortometamórficas) e de rochas sedimentares (paraderivadas ou parametamórficas). Os principais tipos de rochas metamórficas estão relacionados no Quadro 4.2.

O *gnaisse* é o tipo de rocha mais comum no Estado do Rio de Janeiro (Fig. 4.4). Consiste usualmente de bandas ou lentes alternadas de cores claras (quando ricas em feldspato e quartzo, os constituintes dominantes dos gnaisses) e escuras (ricas em biotita, anfibólio ou granada). Existem muitas variedades de gnaisses, com associações minerais diversas. Gnaisse quartzítico, augitagnaisse, biotitagnaisse, gnaisse a duas micas, hornblendagnaisse e granadagnaisse são termos usados para designar algumas dessas variedades. Um tipo de gnaisse muito conhecido na região do Rio de Janeiro é

Quadro 4.1 PRINCIPAIS TIPOS DE ROCHAS METAMÓRFICAS DERIVADAS DE ROCHAS ÍGNEAS E SEDIMENTARES

Rochas metamórficas			
Derivadas de rochas ígneas		Derivadas de rochas sedimentares	
Rochas ígneas	Rochas metamórficas	Rochas sedimentares	Rochas metamórficas
Granito, diorito	Gnaisse, xisto	Conglomerado	Gnaisse
Gabro	Hornblendagnaisse, hornblenda-cloritaxisto	Arenito	Quartzo-hornfel, quartzo-xisto, quartzito
Peridotito	Talcoxisto, clorita-xisto, serpentinito	Siltito e folhelho	Ardósia, micaxisto, hornfel
Felsito, felsito-pórfiro	Micaxisto	Calcário e dolomito	Mármore, dolomitamármore
Basalto, basalto-pórfiro	Cloritaxisto, talco-xisto, hornblenda-xisto	Minérios de ferro	Magnetitaxisto, especularitaxisto
Vidro vulcânico, tufo	Micaxisto	Carvão	Grafita

Fonte: adaptado de Branson et al. (1952).

o gnaisse facoidal, modernamente designado metatexito, que já foi muito usado para fins ornamentais no Brasil Colônia.

Os *xistos* são rochas metamórficas que se distinguem dos gnaisses pela ausência de faixas de granulação grossa e pela presença da disposição em lâmina, ou xistosidade, ao longo da qual a rocha pode ser quebrada mais facilmente. Existem variedades de xistos, e usam-se denominações como micaxisto, biotitaxisto, talcoxisto, xisto argiloso, cloritaxisto, anfibolioxisto, hornblendaxisto, estaurolitaxisto, granadaxisto (Fig. 4.5) etc. para distingui-las.

Quadro 4.2 CLASSIFICAÇÃO SIMPLIFICADA DAS ROCHAS METAMÓRFICAS

Textura	Composição mineralógica	Aspectos diagnósticos	Rocha
Foliada	Feldspato, quartzo e outros silicatos, principalmente mica e anfibólio.	Grãos minerais macroscópicos arranjados em bandas alternadas claras e escuras. As partes escuras podem conter hornblenda, augita, granada e biotita.	Gnaisse
	Mica e outros silicatos laminados ou alongados (anfibólios, estaurolitas, cloritas), granadas e com pequenas quantidades de quartzo e feldspato.	Textura xistosa, grãos grosseiros a finos.	Xisto
	Minerais micáceos são dominantes.	Textura filítica, afanítica. Representa uma transição entre o xisto e a ardósia.	Filito
	Minerais micáceos com quartzo e outras impurezas.	Densa, grãos microscópicos. Textura ardosiana. Cor variável, sendo a preta e a cinza-preto comuns. Ocorre também verde, vermelho-escuro etc.	Ardósia

Quadro 4.2 CLASSIFICAÇÃO SIMPLIFICADA DAS ROCHAS METAMÓRFICAS (cont.)

Textura	Composição mineralógica	Aspectos diagnósticos	Rocha
Maciça	Feldspato e outros silicatos, às vezes grânulos grandes de granada.	Granulação fina, cores claras, composição granítica.	Granulito
	Grãos de quartzo e cimento de quartzo.	Cristalina. Dura (risca o vidro) e de cores branca, rósea, castanha e vermelha.	Quartzito
	Calcita	Cristalina. Cores e granulação variáveis. Efervesce com HCl a frio.	Mármore
	Calcita e dolomita	Cristalina. Cores e granulação variáveis. Efervesce a quente com HCl.	Dolomita-mármore
	Argila	Densa, cor escura; vários tons de cinza, cinza-esverdeado até preto.	Hornfel
	Carbono	Cor preta, brilhante; fratura conchoidal ou concoide.	Antracito
	Serpentina	Compacta. Cores variando do verde ao amarelo-esverdeado. Untuosa ao tato.	Serpentinito

Fonte: adaptado de Pearl (1966).

O *filito* é uma rocha com textura intermediária entre o xisto e a ardósia, e tende a se partir em lâminas cujas superfícies mostram dobramentos minúsculos. Já as *ardósias* são rochas de granulação extremamente fina e possuem uma propriedade notável, conhecida como clivagem ardosiana, que lhes permite o desdobramento em lâminas delgadas e largas (Fig. 4.6). Isso possibilita o seu uso comercial como revestimento.

Um *mármore* é um calcário metamórfico, portanto composto essencialmente do mineral calcita (Fig. 4.7). O dolomitamármore é uma rocha metamórfica resultante do metamorfismo de um dolomito ou de um calcário impuro. Quando puro, o mármore é branco, mas pode apresentar ampla faixa de cores em consequência das várias impurezas presentes.

Um *quartzito* é uma rocha metamórfica que deriva do metamorfismo de um arenito, e é constituído essencialmente de quartzo. O *quartzito micáceo* é um quartzo-sericitaxisto.

Fig. 4.4 O gnaisse é uma rocha metamórfica com estrutura orientada. Nele, a estrutura bandeada é caracterizada pela alternância de faixas claras (quartzofeldspáticas) e escuras (com biotita e anfibólio)

Fig. 4.5 Granadaxisto é uma rocha metamórfica com estrutura orientada (estrutura xistosa) caracterizada pelo arranjo paralelo de lamelas de mica ou outro mineral tabular. Os pontos que se destacam na imagem são do mineral granada

Fig. 4.6 A ardósia é uma rocha metamórfica com estrutura orientada. Ela tem granulação mais fina e se quebra em planos regulares (clivagem ardosiana)

Fig. 4.7 O mármore é uma rocha metamórfica com estrutura não orientada e de granulação variável. É composta essencialmente de calcita ($CaCO_3$)

Chave para reconhecimento de rochas comuns

5.1 Que rocha é esta?

Pretende-se dar uma orientação geral de como se reconhecer macroscopicamente uma rocha e os meios de enquadrá-la em um determinado grupo sem se preocupar com a descrição detalhada de cada espécie e com os processos de sua gênese.

Não se trata, portanto, de identificação ou caracterização das rochas, assunto da competência dos petrógrafos e que envolve conhecimentos de ótica cristalina.

A chave aqui apresentada é de cunho exclusivamente prático, com a finalidade de atender às necessidades de principiantes e para uso na vida profissional dos que lidam com geociências. Destina-se a orientar no estudo das rochas à vista desarmada ou com auxílio de uma lupa e a utilização de alguns ensaios expeditos, físicos e químicos, que conduzam ao reconhecimento da rocha.

Recomenda-se, àquele que pretenda um maior rendimento no uso da presente chave, um conhecimento prévio dos principais minerais formadores de rochas e dos tipos de texturas. Um conhecimento das principais propriedades e/ou características físicas dos minerais, como brilho, cor, traço, dureza e clivagem/fratura, será de grande utilidade.

No exame macroscópico de uma rocha é necessário observar todas as características importantes que são visíveis e registrá-las, de modo a se chegar a uma descrição clara da rocha, que permita distingui-la de outras.

Começa-se por observar se a estrutura da rocha é *maciça* (não orientada) – Grupo I – ou *orientada* – Grupo II.

Para os dois grupos, são acrescentadas algumas informações complementares que ajudam na identificação e/ou reconhecimento dessas rochas. Essas informações podem orientar sobre o tipo de rocha analisado.

Rochas do Grupo I. As rochas do Grupo I estão separadas pela granulação, dureza média dos minerais da rocha, textura e mineralogia. Ao tratar de uma rocha desse grupo, deve-se examiná-la, primeiro, quanto à sua *granulometria*, separando-a em granulometria *finíssima a fina* (até 1,0 mm de diâmetro dos grãos) e *média a grossa* (maioria dos grãos acima de 1,0 mm). Em seguida, deve-se examinar a *dureza* dos minerais da categoria granulométrica identificada. Rochas com minerais riscáveis pela lâmina de um canivete são ditas *macias*; as não riscáveis são ditas *duras*.

Para as rochas macias de qualquer granulação, a análise seguinte é quanto à sua *composição mineralógica*. Nos itens 5.2.1.1 e 5.2.2.1 estão listadas 17 possibilidades de rochas com essas características.

As rochas duras de granulação média a grossa serão analisadas com relação à homogeneidade e/ou heterogeneidade dos tamanhos de seus grãos minerais. Aquelas com grãos minerais de tamanhos semelhantes são ditas de *textura granular* (*equigranular*), e estão separadas pela *composição mineralógica* no item 5.2.2.2.1, em 26 possibilidades. Aquelas com grãos minerais de diferentes tamanhos são ditas de *textura porfiroide* (*inequigranular*), e estão separadas pela massa fundamental de grãos semelhantes — dos quais se destacam cristais maiores (*fenocristais*) em rochas com massa fundamental de grãos finos e em rochas com massa fundamental de grãos grosseiros — e pela *composição mineralógica* no item 5.2.2.2.2, em 15 possibilidades.

Rochas do Grupo II. As rochas do Grupo II estão separadas pelo tipo de orientação, dureza média dos minerais das rochas, textura e/ou composição mineral. Ao tratar de uma rocha desse grupo, deve-se examiná-la, primeiro, quanto ao tipo de *estrutura orientada* de seus componentes, classificando-a em rocha orientada em planos ou *linhas* ou em rocha orientada em *camadas* (*estratificada*).

As rochas orientadas em planos ou linhas são separadas, como no caso das rochas de estrutura não orientada, pela *dureza* em rochas *macias* (riscáveis ou dificilmente riscáveis com a lâmina de um canivete) e *duras* (não riscáveis), e pela *composição mineralógica* nos itens 5.3.3.1 (rochas macias) e 5.3.3.2 (rochas duras), em 28 possibilidades.

As rochas orientadas em camadas (estratificadas) são separadas pela *textura*, ou seja, pelo arranjo e/ou disposição de seus grãos e/ou fragmentos minerais consolidados, que emprestam a essas rochas uma textura *clástica* (*fragmentária*), e pela *composição mineralógica* no item 5.3.4.1, em 13 possibilidades.

Essa orientação destina-se ao estudo de rochas em amostras de mão no laboratório, mas também pode ser usada para a descrição de campo em afloramento. Neste último caso, deverão ser feitas observações quanto ao modo de ocorrência e/ou modo de jazida da(s) rocha(s) do local estudado.

5.2 Grupo I: rochas com estrutura maciça (não orientada)

5.2.1. Granulação finíssima a fina

5.2.1.1 Rocha macia, riscável com canivete

Com quartzo

Descrição	Nº	Mineral
Mica (sericita): massa muito finamente granulada; escura; cheiro de barro quando molhada; não efervesce com ácido (HCl).	01	Ardósia
Resto de plantas e animais microscópicos; friável; suja os dedos; pouco ou nenhum cheiro de barro; não efervesce com HCl.	02	Diatomito (trípoli)

Sem quartzo, um só elemento mineralógico

Descrição	Nº	Mineral
Massa finíssima, em geral plástica, com cheiro de barro quando molhada; macia ao tato; não trinca entre os dentes nem efervesce com ácidos. Cores variadas.	03	Argila
Argila solidificada, riscável com a unha.	04	Argilito
Carbonato finíssimo, forte efervescência com ácidos a frio. Odor de argila ausente ou fraco. Cores diversas.	05	Calcário
Carbonato finíssimo, forte efervescência com ácidos a frio, recristalizados; mais ou menos brilhante.	06	Mármore
Carbonato finíssimo; efervesce com ácidos a quente; a frio, só no material pulverizado. Cores diversas.	07	Dolomito

5.2.1.2 Rocha dura, não riscável com canivete

Com quartzo

Descrição	Nº	Mineral
Calcedônia granular (às vezes, sílica opalina). Rocha muito dura, fratura conchoidal; qualquer cor (cores escuras desaparecem, se convenientemente aquecida). Não efervesce com ácidos nem possui odor de argila; borda transparente.	08	Sílex (Silexito)
Quartzo, essencialmente; rocha maciça de cores claras; risca o vidro.	09	Quartzito

Sem quartzo

Descrição	Nº	Mineral
Feldspatos e piroxênio (olivina); rocha muito densa, de cor escura (preta, verde-escura, cinza-escuro e marrom).	10	Basalto
Feldspatos e piroxênio (olivina); com cavidades vazias e/ou preenchidas (calcita, zeólitas etc.).	11	Meláfiro

5.2.2. Granulação média a grossa

5.2.2.1 Rocha macia, riscável com canivete

Sem quartzo, um só elemento mineralógico

Descrição	Nº	Mineral
Grãos de calcita grosseiros; desprende CO_2 a frio com ácidos.	12	Calcário
Grãos de calcita grosseiros, recristalizados; mais ou menos brilhantes.	13	Mármore
Grãos de dolomita. Na presença de ácidos, só efervesce a quente; a frio, só depois de pulverizado.	14	Dolomito
Grãos de dolomita. Na presença de ácidos, só efervesce a quente; a frio, só depois de pulverizado. Recristalizados, geralmente com formação de silicatos de magnésio (tremolita, olivina etc.).	15	Dolomitamármore
Solúvel em água, gosto nitidamente salgado.	16	Sal-gema (evaporito)
Agregado de cristais de um mineral com boa clivagem, raramente fibroso; riscável com a unha. Não efervesce com ácidos e não tem cheiro de barro. Solúvel em HCl a quente, sem efervescência.	17	Gipso (gesso)

5.2.2.2 Rocha dura, não riscável com o canivete
5.2.2.2.1 *Textura granular ou equigranular*

Com quartzo, feldspato e mais um mineral, pelo menos

Descrição	Nº	Mineral
Principalmente ou totalmente formado por quartzo e feldspato, com biotita (e/ou moscovita) ou hornblenda; granulação média ou grossa.	18	Granito
Principalmente ou totalmente formado por quartzo e feldspato, com biotita (e/ou moscovita) ou hornblenda; granulação fina.	19	Microgranito
Feldspato, predominando hornblenda, podendo ter um pouco de biotita.	20	Hornblenda-granito
Feldspato potássico, predominando biotita.	21	Biotitagranito
Feldspato (potássico), duas micas (biotita e moscovita).	22	Granito de duas micas
Feldspato, raramente mica, base de granulação fina.	23	Aplito
Feldspato, com ou sem biotita e/ou moscovita; granulação muito grossa, cristais isolados. Textura gráfica ou pegmatítica.	24	Pegmatito

Com quartzo (pouco), feldspato (muito) e um ou mais minerais ferromagnesianos

Descrição	Nº	Mineral
Plagioclásio, anfibólio, biotita e quartzo acima de 10%. Granulação grossa.	25	Tonalito
Plagioclásio, anfibólio, biotita e quartzo acima de 10%. Granulação fina.	26	Microtonalito
Ortoclásio abundante, hornblenda (biotita, piroxênio), com até 10% de quartzo. Granulação média a grossa.	27	Quartzossienito

Com quartzo, essencialmente

Descrição	Nº	Mineral
Grãos de quartzo entre 0,02 mm e 2,00 mm, mais ou menos arredondados, fracamente ligados por cimento (argiloso, silicoso, calcário, ferruginoso), friáveis.	28	Arenito

Descrição	Nº	Mineral
Grãos de quartzo ligados por cimento forte (silicoso).	29	Arenito-silicificado
Grãos de quartzo fortemente ligados por cimento, de tal modo que pancadas de martelo fraturam os grãos e não o cimento, que fica intacto (diferença em relação às rochas 28 e 29). Fratura conchoidal, às vezes.	30	Quartzito

Sem quartzo e com feldspato e mais um mineral, pelo menos

Descrição	Nº	Mineral
Ortoclásio abundante, hornblenda (biotita, piroxênio). Granulação média ou grosseira.	31	Sienito
Ortoclásio abundante, hornblenda (biotita, piroxênio), com nefelina (feldspatoide).	32	Nefelinassienito
Ortoclásio pertítico, microclíneo, piroxênio e/ou anfibólio, com nefelina.	33	Foiaíto
Ortoclásio abundante, hornblenda (biotita, piroxênio). Granulação fina.	34	Microssienito
Ortoclásio abundante, hornblenda, com nefelina.	35	Microssienito nefelínico
Plagioclásio, com pouco piroxênio e pequenas massas de magnetita e ilmenita.	36	Anortosito (Plagioclasito)

Sem quartzo e com feldspato e um ou mais minerais ferromagnesianos, escuros

Descrição	Nº	Mineral
Plagioclásio, anfibólio (hornblenda), biotita (pequena quantidade), cor escura. Granulação média a grosseira. Proporção de feldspato inferior ou igual à de minerais ferromagnesianos.	37	Diorito
Plagioclásio, anfibólio (hornblenda), proporção de minerais ferromagnesianos igual ou superior à de feldspato.	38	Gabro
Plagioclásio, anfibólio (hornblenda), de granulação fina, geralmente textura ofítica.	39	Dolerito (Diabásio)

Sem quartzo nem feldspato, essencialmente minerais ferromagnesianos

Descrição	Nº	Mineral
Grãos quase inteiramente de olivina; cor amarelada.	40	Dunito
Grãos quase exclusivamente de piroxênio (augita), alguma olivina e magnetita; cor verde a preta.	41	Piroxenito
Quase exclusivamente olivina, piroxênio (augita) e hornblenda (pouca); cor verde a preta.	42	Peridotito
Grãos quase exclusivamente de hornblenda, podendo ocorrer mica (biotita) e magnetita. Muitos raros fenocristais de granada.	43	Anfibolito

5.2.2.2.2 Textura porfiroide ou inequigranular
5.2.2.2.2.1 Com massa fundamental de grão fino
Com quartzo

Descrição	Nº	Mineral
Feldspato (biotita); cor vermelho-roxa.	44	Riólito (Quartzopórfiro)
Plagioclásio; fenocristais de quartzo.	45	Dacito

Sem quartzo e com feldspato e mais um mineral, pelo menos

Descrição	Nº	Mineral
Ortoclásio, abundante hornblenda; fenocristais parecendo vidro (sanidina). Áspero ao tato.	46	Traquito
Ortoclásio (muito pouco ou ausente), plagioclásio; fenocristais (hornblenda, biotita, augita e hiperstênio).	47	Andesito
Cristais de plagioclásio com augita; fenocristais. Textura ofítica.	48	Diabásio
Augita, plagioclásio (hornblenda), com textura amigdaloide.	49	Meláfiro
Augita, plagioclásio, pouco ortoclásio; cor escura, granulação fina; fenocristais de olivina.	50	Olivinabasalto
Feldspatoides. Fenocristais de nefelina (ou leucita), que, triturados com HCl a frio, produzem gelatina. Por percussão, produzem som metálico.	51	Fonólito
Fenocristais de piroxênio (egirina) em agulhas finas paralelas ou subparalelas.	52	Tinguaíto

5.2.2.2.2.2 Com massa fundamental de grão médio ou grosseiro

Com quartzo e feldspato

Descrição	N°	Mineral
Ortoclásio e quartzo, geralmente associados a biotita (e/ou moscovita), hornblenda. Fenocristais de feldspato.	53	Granito-pórfiro (Granito porfiroide)

Sem quartzo e com feldspato e mais um mineral, pelo menos

Descrição	N°	Mineral
Ortoclásio abundante, hornblenda (biotita, piroxênio). Fenocristais de feldspato.	54	Sienito-pórfiro
Ortoclásio abundante, hornblenda (biotita, piroxênio), com nefelina e fenocristais de feldspato ou de anfibólio ou de nefelina etc.	55	Nefelinas-sienito-pórfiro

Com feldspato e um ou mais minerais ferromagnesianos, escuros

Descrição	N°	Mineral
Plagioclásio, anfibólio (hornblenda), biotita (pequena quantidade). Com pórfiros de plagioclásio. Proporção de feldspato inferior ou igual à de minerais ferromagnesianos.	56	Diorito-pórfiro
Plagioclásio, anfibólio (hornblenda), proporção de minerais ferromagnesianos igual ou superior à de feldspato.	57	Gabro-pórfiro
Plagioclásio, anfibólio, biotita e quartzo acima de 10%. Pórfiros de plagioclásio.	58	Tonalito--pórfiro

5.3 Grupo II: rochas com estrutura orientada

5.3.3. Rochas orientadas em planos ou linhas

5.3.3.1 Rochas macias, riscáveis ou dificilmente riscáveis com canivete

Com quartzo mais um mineral, pelo menos

Descrição	N°	Mineral
Ausência de faixas de granulação grossa. Presença de disposição em lâminas (xistosidade).	59	Xisto
Mica (biotita, moscovita); quartzo, feldspato. Brilho forte pela abundância de mica.	60	Micaxisto

Descrição	Nº	Mineral
Mica (biotita, moscovita); quartzo, feldspato, predominando biotita, em placas nem sempre inteiramente planas formando pacotes. Moles, divisíveis.	61	Biotitaxisto
Mica (moscovita, biotita); quartzo, feldspato, com cristais de granada.	62	Granadaxisto
Mica (moscovita, biotita); quartzo, feldspato, com cristais de estaurolita.	63	Estaurolita-xisto
Mica abundante (sericita), clorita, argila; placas planas, facilmente riscáveis e divisíveis; cores claras a cinza--esverdeado.	64	Filito

Sem quartzo

Descrição	Nº	Mineral
Micas, argilas, cores cinzento-escuras ou pretas, esverdeadas (com clorita) e vermelhas, amareladas ou castanhas (óxido de ferro); massa muito finamente granulada, separável em lâminas ou placas.	65	Ardósia
Componentes apenas reconhecíveis ao microscópio. Facilmente riscável com a unha e divisível em placas paralelas.	66	Xisto argiloso
Mica (moscovita, biotita); pouco feldspato, com predominância de clorita. Riscável com a unha.	67	Cloritaxisto
Mica (moscovita, biotita); pouco feldspato, predominante hornblenda.	68	Hornblenda-xisto
Essencialmente anfibólio. Rocha dura e densa, geralmente de cores verdes até pretas. (Grãos de quartzo podem ser distinguidos em fraturas normais à xistosidade.)	69	Anfibolioxisto
Mica (feldspato), predominando talco. Riscável com a unha sedosa, untuosa ao tato.	70	Talcoxisto
Argila endurecida, com boa estratificação, sem indícios de metamorfismo, às vezes com fósseis.	71	Folhelho
Argila solidificada, sem estratificação. Riscável com a unha.	72	Argilito

Sem quartzo, um só elemento mineralógico

Descrição	Nº	Mineral
Grãos muito finos riscáveis com o canivete; desprende CO_2 com HCl a frio. Às vezes possui cheiro betuminoso quando em fratura recente.	73	Calcário
Grãos muito finos riscáveis com o canivete; desprende CO_2 somente com HCl a quente.	74	Dolomito

5.3.3.2 Rochas duras, não riscáveis com o canivete

Com quartzo e mais um mineral, pelo menos

Descrição	Nº	Mineral
Grãos de quartzo, feldspato, mica e anfibólio. Textura paralela, às vezes muito pronunciada.	75	Gnaisse
Grãos de quartzo, feldspato, com cristais de feldspato em forma de lentes.	76	Gnaisse facoidal
Grãos de quartzo, feldspato, moscovita e biotita.	77	Gnaisse a duas micas
Hornblenda (quartzo, feldspato); cor vermelho-escura.	78	Hornblendagnaisse
Augita (quartzo, feldspato); cor verde-escura.	79	Augitagnaisse
Biotita (quartzo, feldspato); cor escura a preta.	80	Biotitagnaisse
Granada e biotita abundantes (quartzo, plagioclásio, microclíneo), às vezes cordierita.	81	Granadagnaisse (kinzigito)
Quartzo abundante em cristais que sofreram compressão e por isso parecem possuir clivagem. Pouco feldspato.	82	Gnaisse quartzítico
Pouco feldspato e mica em quantidades mais ou menos equivalentes; grãos muito finos, havendo muita banda rósea. Cor clara.	83	Leptinito

Com quartzo, essencialmente

Descrição	Nº	Mineral
Grãos arredondados de quartzo ligados por fraco cimento argiloso, silicoso, ferruginoso; friável; partículas menores que 2 mm.	84	Arenito

5 Chave para reconhecimento de rochas comuns

Descrição	Nº	Mineral
Grãos de quartzo fortemente ligados por cimento, de tal modo que pancadas de martelo rompem os grãos e não o cimento; às vezes, boa divisibilidade em placas.	85	Quartzito
Grãos de quartzo fortemente ligados por cimento, de tal modo que pancadas de martelo rompem os grãos e não o cimento; com micas.	86	Quartzito micáceo (Quartzo-sericitaxisto)

5.3.4. Rochas orientadas em camadas (estratificadas)

5.3.4.1 Textura fragmentária ou clástica: fragmentos consolidados

Com quartzo

Descrição	Nº	Mineral
Fragmentos de quartzo e/ou de quaisquer rochas e/ou minerais. Formas arredondadas (seixos); diâmetro maior que 2 mm; ligados por cimento.	87	Conglomerado
Fragmentos de quartzo e/ou de quaisquer rochas e/ou minerais. Formas angulosas (calhau), consolidadas com pouco cimento; às vezes, com fragmentos de conchas calcárias ou carapaças de animais, caso em que efervescem com HCl.	88	Brecha
Grãos de quartzo mais ou menos arredondados, ligados fracamente por cimento (argiloso, silicoso, calcário, ferruginoso). Partículas menores que 2 mm.	89	Arenito
Grãos de quartzo mais ou menos arredondados, com fragmentos de conchas e/ou de outros organismos de composição carbonática. Partículas menores que 2 mm, predominantes.	90	Calcarenito
Grãos de quartzo mais ou menos arredondados, entre 0,02 mm e 0,20 mm. Trinca entre os dentes.	91	Siltito

Com quartzo e/ou feldspato

Descrição	Nº	Mineral
Areia rica em feldspato (mica). Grãos ligados por cimento silicoso, às vezes calcário.	92	Arcóseo

Descrição	Nº	Mineral
Fragmentos de minerais e/ou rochas arenosas, arredondadas ou angulosas. Fragmentos com estrias.	93	Tilito (diamictito)
Alternância de camadas mais grosseiras, ricas em quartzo de granulação fina, com camadas mais finas, ricas em argila e matéria orgânica.	94	Varvito

Sem quartzo

Descrição	Nº	Mineral
Grãos muito finos ligados por cimento. Às vezes, cheiro betuminoso quando em fratura fresca. Desprende CO_2 com HCl.	95	Calcário
Grãos muito finos ligados por cimento. Riscável com o canivete, efervesce com HCl somente a quente.	96	Dolomito
Fragmentos de concha unidos por cimento.	97	Coquina
Argila solidificada riscável com a unha. Cheiro de barro quando molhada. Não trinca entre os dentes.	98	Argilito
Grãos muito finos de calcita e de minerais detríticos (argila). Riscável com a unha. Efervesce com HCl quando em fratura recente; às vezes com fósseis.	99	Marga

5.4 Relação das rochas constantes da chave por ordem alfabética e classificadas quanto à origem

Nome da rocha	Número na chave	Tipo de rocha quanto à origem
Andesito	47	Ígnea
Anfibolioxisto	69	Metamórfica
Anfibolito	43	Metamórfica
Anortosito	36	Ígnea
Aplito	23	Ígnea
Arcóseo	92	Sedimentar
Ardósia	01/65	Metamórfica
Arenito	28/84/89	Sedimentar
Arenito silicificado	29	Sedimentar
Argila	03	Sedimentar
Argilito	04/72/98	Sedimentar
Augitagnaisse	79	Metamórfica
Basalto	10	Ígnea
Biotitagnaisse	80	Metamórfica

5 Chave para reconhecimento de rochas comuns

Nome da rocha	Número na chave	Tipo de rocha quanto à origem
Biotitagranito	21	Metamórfica
Biotitaxisto	61	Metamórfica
Brecha	88	Sedimentar
Calcarenito	90	Sedimentar
Calcário	05/12/73/95	Sedimentar
Cloritaxisto	67	Metamórfica
Conglomerado	87	Sedimentar
Coquina	97	Sedimentar
Dacito	45	Ígnea
Diabásio	48	Ígnea
Diamictito	93	Sedimentar
Diatomito	02	Sedimentar
Diorito	37	Ígnea
Dioritopórfiro	56	Ígnea
Dolerito	39	Ígnea
Dolomitamármore	15	Metamórfica
Dolomito	07/14/74/96	Sedimentar
Dunito	40	Ígnea
Estaurolitaxisto	63	Metamórfica
Filito	64	Metamórfica
Foiaíto	33	Ígnea
Folhelho	71	Sedimentar
Fonólito	51	Ígnea
Gabro	38	Ígnea
Gabro-pórfiro	57	Ígnea
Gipso (evaporito)	17	Sedimentar
Gnaisse	75	Metamórfica
Gnaisse a duas micas	77	Metamórfica
Gnaisse facoidal	76	Metamórfica
Gnaisse quartzítico	82	Metamórfica
Granadagnaisse	81	Metamórfica
Granadaxisto	62	Metamórfica
Granito	18	Ígnea
Granito a duas micas	22	Ígnea
Granito-pórfiro ou granito porfiroide	53	Ígnea

Nome da rocha	Número na chave	Tipo de rocha quanto à origem
Hornblendagnaisse	78	Metamórfica
Hornblendagranito	20	Ígnea
Hornblendaxisto	68	Metamórfica
Kinzigito	81	Metamórfica
Leptinito	83	Metamórfica
Marga	99	Sedimentar
Mármore	06/13	Metamórfica
Meláfiro	11/49	Ígnea
Micaxisto	60	Metamórfica
Microgranito	19	Ígnea
Microssienito	34	Ígnea
Microssienitonefelínico	35	Ígnea
Microtonalito	26	Ígnea
Nefelinasienito	32	Ígnea
Nefelinasienito-pórfiro	55	Ígnea
Olivinabasalto	50	Ígnea
Pegmatito	24	Ígnea
Peridotito	42	Ígnea
Piroxenito	41	Ígnea
Plagioclasito	36	Ígnea
Quartzito	09/30/85	Metamórfica
Quartzito micáceo	86	Metamórfica
Quartzopórfiro	44	Ígnea
Quartzossienito	27	Metamórfica
Riólito	44	Ígnea
Sal-gema (evaporito)	16	Sedimentar
Sienito	31	Ígnea
Sienito-pórfiro	54	Ígnea
Sílex	08	Sedimentar
Silexito	08	Sedimentar
Siltito	91	Sedimentar
Talcoxisto	70	Metamórfica
Tilito	93	Sedimentar
Tinguaíto	52	Ígnea
Tonalito	25	Ígnea

Nome da rocha	Número na chave	Tipo de rocha quanto à origem
Tonalito-pórfiro	58	Ígnea
Traquito	46	Ígnea
Tripoli	02	Sedimentar
Varvito	94	Sedimentar
Xisto	59	Metamórfica
Xisto argiloso	66	Metamórfica

Glossário

A

AFANÍTICA (textura): Textura das rochas ígneas de grãos minerais muito finos, que não podem ser distinguidos sem o uso de uma lente de aumento (lupa). Não fanerítica.

AGREGADO: Conjunto de partículas de rochas ou de grãos de minerais, de um ou mais tipos, ligados de maneira pouco densa, e que podem ser separados com facilidade.

ALBITIZAÇÃO: Processo de transformação de ortoclásio em albita.

ALTERAÇÃO QUÍMICA: Processo sedimentar que age na transformação do material sedimentar em rocha sedimentar. Pode ser por redução, destilação destrutiva de matéria orgânica ou atividades de bactérias e animais fuçadores.

AMIGDALOIDE: Textura em que a rocha apresenta formações mais ou menos numerosas de formas semelhantes a amêndoas.

AMORFO: Estado da matéria em que seus elementos constituintes se acham dispostos sem ordem. Não cristalino.

ANDESITO: Rocha ígnea extrusiva composta de feldspato calcossódico, com biotita, augita ou hornblenda.

APLITO: Granito de granulação muito fina.

APÓFISE: Designação de uma massa intrusiva, que penetra na rocha encaixante.

ARCÓSEO: Arenito contendo muito feldspato.

ARDÓSIA: Rocha metamórfica de granulação extremamente fina e que possui clivagem ardosiana.

AREIA: Comumente se refere à composição na qual os grãos são de quartzo; refere-se também à textura cujo tamanho dos grãos é entre 0,02 mm e 2,00 mm de diâmetro, independentemente da composição.

ARENITO: Rocha sedimentar clástica formada por fragmentos com granulação entre 0,02 mm e 2,00 mm, com grãos predominantemente de quartzo.

Glossário

ARGILA: Comumente se refere à composição em que os grãos são de argilominerais (caulinita, ilita etc.); refere-se também à textura cujo tamanho dos grãos é inferior a 0,002 mm de diâmetro, independentemente da composição.

ARGILITO: Rocha sedimentar argilosa, endurecida e sem clivagem, que se fende segundo superfícies paralelas à estratificação.

ASTENOSFERA: Zona de fraqueza abaixo da litosfera, a partir de aproximadamente 100 km da superfície da Terra e com espessura média de 200 km, na qual a plasticidade das rochas atinge um máximo e os magmas podem ser gerados.

B

BANDEAMENTO: Tipo de foliação de rochas metamórficas caracterizado por faixas claras e escuras de minerais.

BASALTO: Lava negra e densa. Rocha ígnea extrusiva composta principalmente de piroxênio e feldspato plagioclásio e de textura afanítica. Ver *meláfiro*.

BATÓLITO: Grande corpo de rocha ígnea plutônica, contínuo em profundidade e sem embasamento.

BOSSA: Massa eruptiva subjacente de tamanho inferior ao de um batólito.

BRECHA: Conglomerado composto por fragmentos angulosos. Rocha sedimentar clástica que forma um aglomerado de fragmentos irregulares (angulosos) de rochas, cuja média dos diâmetros dos grãos é superior a 2,00 mm.

BRILHO: Aspecto apresentado pela superfície recente de um mineral sob luz refletida. Pode ser metálico ou não metálico.

C

CALCARENITO: Arenito composto por fragmentos de conchas e outros organismos de composição carbonática.

CALCITA: Carbonato de cálcio ($CaCO_3$). Principal mineral componente do calcário e do mármore.

CALHAU: Sedimento clástico com dimensão entre 20,00 mm e 200,00 mm.

CARBONÍFERO: Período geológico da era Paleozoica entre os períodos Devoniano e Permiano. Iniciou-se em 354 Ma e terminou em 290 Ma.

CARVÃO MINERAL: Rocha sedimentar não clástica formada pela decomposição parcial de restos vegetais com enriquecimento em carbono. O mesmo que hulha.

CASCALHO: Sedimento clástico com diâmetros dos grãos predominantes superiores a 2,00 mm.

CATACLÁSTICA: Textura caracterizada pela presença de pedaços de rochas e minerais, fragmentados e deformados, envoltos frequentemente por material finamente moído, e pela presença de minerais típicos desse ambiente.

CIMENTAÇÃO: Processo diagenético no qual há deposição de uma substância nos espaços entre os grãos de um *sedimento* incoerente, ligando-os.

CIMENTO: Material que une os grãos de uma rocha sedimentar clástica, consolidada.

CLORITIZAÇÃO: Processo de alteração de minerais máficos em clorita.

COLOFÂNIO: Variedade criptocristalina da apatita. O mesmo que colofana.

COMPACTAÇÃO: Processo de sedimentação que consiste na diminuição do volume e na redução da porosidade de um corpo, com aumento da densidade do sedimento.

CONCREÇÃO: Massa arredondada ou lenticular, de tamanho variado, cuja dureza difere da rocha sedimentar em que está incluída.

CONGLOMERADO: Rocha sedimentar clástica formada por fragmentos arredondados e de tamanho superior a 2,00 mm, reunidos por um cimento.

COQUINA: Conglomerado com fragmentos predominantes de conchas.

CRISTALINO: Estado da matéria sólida caracterizado por uma estrutura interna regular e periódica, expressa pela homogeneidade.

CRISTALITO: Indivíduo microscópico em forma de esfera, bastonete, conta ou cabelo, que ocorre nas rochas vítreas em grande número. O mesmo que globulito, margarito, triquito etc.

CRISTALOBLÁSTICA: Textura peculiar das rochas metamórficas, resultante principalmente de recristalização sob condições de metamorfismo termal ou dinamotermal, dando-se as transformações no estado sólido, sem haver fusão de material.

D

DEUTÉRICA (alteração): Alteração sofrida por uma rocha ígnea durante os últimos estágios de cristalização do magma.

DIAGÊNESE: Conjunto de modificações químicas e físicas sofridas pelos sedimentos, desde a sua deposição até a sua consolidação.

DIATOMITO: Rocha sedimentar composta principalmente da parte silicosa de diatomáceas.

DIORITO: Rocha ígnea intrusiva intermediária composta de feldspato calcossódico, anfibólio, biotita e quartzo (em pequenas percentagens).

DIQUE: Massa rochosa de forma tabular discordante que preenche uma fenda aberta em outra rocha. Em geral, a massa rochosa dos diques é de origem ígnea.

DOLOMITO: Rocha sedimentar não clástica composta essencialmente do mineral dolomita (um carbonato de cálcio e magnésio).

DUNITO: Rocha ígnea intrusiva composta quase inteiramente de olivina.

DUREZA (MINERAL): Critério relativo de identificação de minerais baseado em sua capacidade de ser ou não riscável por algum outro mineral ou objeto de dureza conhecida. Usa-se a escala Mohs para a determinação da dureza de um mineral.

E

ESTRUTURA: Conjunto de caracteres que exprime descontinuidade ou variação na textura.

EVAPORITO: Rocha sedimentar não clástica resultante da precipitação de sais dissolvidos quando uma solução salina se evapora.

ESFOLIAÇÃO: Formação de cascas ou escamas em rochas pela ação do intemperismo. O mesmo que descamação.

F

FACÓLITO: Corpo magmático intrusivo, aproximadamente concordante, de forma convexo-côncava (em forma de foice).

FALHA: Fratura ao longo da qual se deu um deslocamento relativo de blocos de modo a interromper a continuidade de uma camada.

FELDSPATO: Nome geral para um grupo abundante de minerais formadores de rochas. São silicatos de alumínio com potássio, cálcio e sódio.

FELDSPATOIDE: Grupo de minerais quimicamente semelhantes aos feldspatos, porque são aluminossilicatos de potássio, de sódio e de cálcio, mas com quantidades menores de outros íons.

FÉLSICO: Mineral rico em silício e alumínio; inclui feldspatos, feldspatoides, quartzo e moscovita.

FANERÍTICA (textura): Textura das rochas ígneas de grãos minerais visíveis a olho nu.

FENOCRISTAL: Em uma rocha ígnea, conjunto de cristais grandes envolvidos por grânulos pequenos.

FILITO: Rocha metamórfica com textura intermediária entre o xisto e a ardósia, com tendência a partir-se em lâminas.

FLUXO (estrutura de): Orientação dos minerais numa rocha ígnea extrusiva que representa o movimento da lava antes de sua solidificação.

FOLHELHO: Rocha sedimentar clástica de granulação fina, composta de argilas, com menos de 50% de silte e tendência a dividir-se em folhas, segundo a estratificação.

FOLHELHO BETUMINOSO: Um tipo de folhelho contendo substância betuminosa, formado com base no sapropel acumulado em meio anaeróbico, junto com material argiloso. Erroneamente, às vezes, denominado *xisto betuminoso* ou *xisto pirobetuminoso*.

FOLIAÇÃO: Qualquer tipo de paralelismo de minerais ou de massas de minerais em rocha metamórfica e ígnea.

FONÓLITO: Rocha ígnea extrusiva, composta, cinzenta, mais ou menos escura e verde, brilho graxo por causa da nefelina. Comumente encontrada na forma de dique.

FOSFORITO: Rocha sedimentar ou sedimento em que o constituinte principal é o colofânio ou colofana.

FÓSSIL: Resto ou vestígio de animais ou plantas que existiram em épocas geológicas anteriores.

FRIÁVEL: O que facilmente se desfaz em pó.

G

GABRO: Rocha ígnea intrusiva composta por feldspato calcossódico básico (labradorita), piroxênio (augita) e magnetita.

GEISERITA: Material opalino depositado por fontes termais em regiões vulcânicas.

GEOSSINCLINAL: Relativo a geossinclíneo.

GEOSSINCLÍNEO: Uma depressão alongada, hipotética, situada nas bordas continentais, cujo fundo está sujeito a subsidência por tempo geológico relativamente largo, permitindo a acumulação de grandes espessuras de sedimentos que posteriormente se dobram e se elevam, originando cadeias de montanhas.

GNAISSE: Rocha metamórfica que consiste de bandas alternadas de cores claras e escuras, originada por metamorfismo regional de alto grau, caracterizada pela textura orientada, granular, e pela presença de feldspato, quartzo, mica etc.

GRANÍTICO: Um termo genérico para designar rochas ígneas félsicas de granulação intermediária até grosseira contendo predominantemente feldspato e quartzo. O termo *granítico* abrange uma gama maior de tipos de rochas do que o termo *granito*.

GRANITO: Rocha ígnea intrusiva com textura fanerítica granular, constituída de quartzo, feldspato potássico, feldspato calcoalcalino e mica (biotita e/ou moscovita). Rocha geralmente leucocrática e félsica.

GRANOBLÁSTICA: Textura caracterizada pelo arranjo desordenado, sem orientação preferencial, dos cristais da rocha.

GRANULAÇÃO: Aspecto da textura de uma rocha ligado ao tamanho de seus constituintes.

GRETA DE CONTRAÇÃO: Rachaduras geradas em argilas e siltitos por perda de água, formando polígonos irregulares.

GUANO: Depósito orgânico de origem animal, composto por fosfato de cálcio proveniente de excrementos de animais voadores e outros restos.

H

HOLOCENO: Os últimos 11 mil anos da escala do tempo geológico. O mesmo que *recente*. Última época do período Quaternário da era Cenozoica.

I

INTEMPERISMO: Conjunto de modificações de ordem física (desagregação) e química (decomposição) que as rochas e minerais sofrem ao aflorar à superfície da Terra.

J

Junta colunar: estrutura comum a muitas rochas ígneas extrusivas e intrusivas, desenvolvida por contração durante o resfriamento da lava e/ou magma. O mesmo que disjunção colunar.

K

Kinzigito: Gnaisse de grau metamórfico elevado, com presença em geral de granada e biotita e teores variáveis de feldspato, quartzo, moscovita, cordierita e sillimanita.

L

Lacólito: Intrusão concordante de massa ígnea lentiforme, de seção horizontal, geralmente circular ou subcircular.

Lapólito: Corpo magmático intrusivo de grandes dimensões, lenticular concordante deprimido na parte central.

Lava: Massa magmática em estado parcial ou total de fusão que atinge a superfície terrestre e se derrama.

Lepidoblástica: Textura caracterizada pelo arranjo escamoso de minerais formados durante o metamorfismo.

Leucocrática (rocha): Rocha ígnea rica em constituintes minerais de cores claras.

Lineação: Qualquer tipo de arranjo linear de elementos em uma rocha.

Loessito: Sedimento eólico consolidado de granulação fina e homogênea, praticamente isenta de estratificação.

M

Máfico: Mineral que contém ferro e magnésio; inclui piroxênios, olivinas, anfibólios e biotita.

Magma: Mistura complexa de substâncias no estado de fusão originadas no interior da Terra, no nível da astenosfera; matéria-prima das rochas ígneas.

Marca de ondas: Ondulações visíveis à superfície das camadas de rochas sedimentares, originadas por águas correntes ou por vento.

Marga: Mistura de argila com calcita em quantidades quase iguais.

MÁRMORE: Calcário metamórfico composto essencialmente do mineral calcita.

MATACÃO: Fragmento de rocha destacado, de diâmetro superior a 200,00 mm, comumente arredondado, originado por intemperismo (matacão de esfoliação); por atividade glacial (matacão ou bloco errático); por trabalho e transporte fluvial; e por ação de ondas no litoral.

MELÁFIRO: Basalto de textura amigdaloide.

MELANOCRÁTICA (rocha): Rocha ígnea contendo de 60% a 90% de minerais escuros.

MESOCRÁTICA (rocha): rocha ígnea com 30% a 60% de minerais escuros. Intermediária entre as rochas leucocráticas e melanocráticas.

METAMORFISMO: Mudança sofrida pela rocha e pelos minerais que a constituem depois de consolidada para acomodar-se às condições termodinâmicas do novo meio em que ela possa se encontrar. Metamorfismo é a transformação sofrida por uma rocha sob a ação de temperatura, pressão, gases e vapor-d'água, marcada por uma recristalização total ou parcial, novas texturas, novas estruturas ou as duas.

METAMORFISMO DE CONTATO TERMAL: Conjunto de efeitos decorrentes do aquecimento da rocha encaixante pela intrusão de um corpo ígneo.

METAMORFISMO DE CONTATO HIDROTERMAL: Conjunto de efeitos de um processo de intrusão em que as soluções, assim como o calor emanado da rocha ígnea, reagem com a rocha encaixante e formam minerais novos.

METAMORFISMO DE DESLOCAMENTO OU DINÂMICO: Resulta da ação combinada da temperatura e da pressão dirigida em regiões pouco profundas da crosta, dando frequentemente às rochas envolvidas uma estrutura quebrada ou cataclástica associada com falhas.

METAMORFISMO REGIONAL: Metamorfismo que se processa em níveis mais profundos da crosta terrestre e abrange extensão consideravelmente grande.

METASSOMATISMO: Processo de alteração por que passam as rochas quando um ou mais minerais são substituídos por outro.

METEORIZAÇÃO: O mesmo que *intemperismo*.

MICA: Um grupo de silicatos hidratados de estrutura em folhas e que contém potássio, magnésio, ferro, alumínio e outros elementos; minerais como: moscovita, biotita, lepidolita etc.

MIGMATITO: Rocha com aspecto intermediário entre as rochas metamórficas e as rochas ígneas, formada pelo ultrametamorfismo. Uma rocha mista, de aspecto gnaissoide, originada por mobilização magmática parcial ou total de uma rocha preexistente em níveis profundos da litosfera e/ou nas vizinhanças da astenosfera.

MILONITO: Rocha metamórfica finamente pulverizada e recristalizada, formada por metamorfismo de deslocamento ou dinâmico. Rocha formada pela moagem extrema de rochas ao longo do plano de cisalhamento em regiões de falhamento.

MODO DE FORMAÇÃO (de uma rocha): Processo geológico predominante no ciclo das rochas, que determina o tipo de rocha gerado.

MODO GEOLÓGICO DE OCORRÊNCIA: O mesmo que modo de jazida. Relação de campo das rochas umas com as outras no local em que são encontradas.

N

NORITO: Gabro com o piroxênio augita associado ao piroxênio hiperstênio.

O

OBSIDIANA: Vidro natural de cor verde-escura ou tendendo ao preto.

ORTOMAGMÁTICO (estágio): Estágio na cristalização do magma em que, durante o processo, somente minerais pirogenéticos são formados.

P

PERIDOTITO: Rocha ígnea intrusiva constituída principalmente de olivinas e piroxênio.

PERMIANO: Último período da era Paleozoica. Iniciou-se há 290 Ma e terminou há 248 Ma.

PETROGÊNESE: Estudo da origem das rochas.

PETROGRAFIA: Descrição e identificação das rochas.

PETROLOGIA: Estudo sistemático de rochas, por todos os métodos possíveis. Inclui a petrografia e a petrogênese.

PIROGENÉTICO (mineral): Mineral magmático primário.

PIROXENITO: Rocha ígnea que tem o piroxênio como único mineral essencial.

PORFIROBLÁSTICA: Textura própria de algumas rochas metamórficas (xistos e gnaisses), resultante do crescimento de minerais novos de dimensões notavelmente maiores que o resto envolvente.

PORFIROBLASTOS: Grandes cristais encontrados em textura porfiroblástica.

Q

QUARTZITO: Rocha metamórfica que deriva do metamorfismo de um arenito e é constituída essencialmente de quartzo.

QUARTZO: Mineral composto de dióxido de silício (SiO_2), resistente ao intemperismo e que se apresenta com muitas variedades cristalinas e criptocristalinas.

QUIMBERLITO: Peridotito que contém diamante.

R

RECRISTALIZAÇÃO: Processo de litificação que permite que pequenos cristais cresçam em cristais maiores ou novos minerais se formem em espaços abertos entre eles.

RIÓLITO: Correspondente extrusivo do granito.

ROCHA: Agregado natural constituído de um mineral ou da associação de dois ou mais minerais que mantêm certa uniformidade de composição e de características na crosta terrestre.

ROCHA ÍGNEA: Rocha que se forma pelo resfriamento e consolidação do magma.

ROCHA METAMÓRFICA: Rocha formada quando os minerais das rochas preexistentes são mudados, física e/ou quimicamente, sob a influência de temperaturas e/ou pressões nas quais eles são instáveis.

ROCHA MONOMINERÁLICA: Rocha que consiste de um só mineral e que ocorre em escala bastante grande, tanto que é considerada uma parte integrante da estrutura da crosta terrestre.

ROCHA SEDIMENTAR: Rocha que se forma à superfície da crosta terrestre pela ação da água, vento e gelo, e cujo material, geralmente, é extraído das rochas preexistentes por processos mecânicos ou químicos.

ROCHA SEDIMENTAR CLÁSTICA OU FRAGMENTÁRIA: Rocha formada por fragmentos de rochas preexistentes consolidadas.

ROCHA SEDIMENTAR NÃO CLÁSTICA OU QUÍMICA: Rocha formada pela precipitação de matéria mineral dissolvida.

S

Sedimento: Fragmento de rocha ou mineral (de granulação fina a grosseira), matéria química precipitada ou material de origem animal ou vegetal.

Seixo: Fragmento de rocha ou mineral transportado pela água, que lhe arredonda as arestas; sua dimensão fica entre 2,00 mm e 20,00 mm.

Septária: Concreção calcária de tamanho variável que ocorre em argilas calcíferas e possui rachaduras radiais.

Sienito: Rocha ígnea intrusiva de pouca sílica, predominando em sua composição feldspato potássico e anfibólio.

Silexito: Rocha sedimentar silicosa compacta composta de opala, calcedônia e quartzo criptocristalino ou microcristalino, ou de uma mistura deles. É o mesmo que *chert*.

Sill: Intrusão concordante com as camadas de rocha. O mesmo que soleira.

Sillimanita: Mineral da classe dos silicatos, comum em rochas metamórficas de alto grau de metamorfismo.

Silte: Sedimento com granulometria entre 0,002 mm e 0,02 mm

Siltito: Rocha sedimentar de granulação muito fina em que mais de 50% das partículas são do diâmetro do silte.

Soleira: O mesmo que *sill*. Uma intrusão de rocha ígnea concordante.

Substituição: É o processo geoquímico pelo qual, simultaneamente por solução e deposição, um volume de um novo mineral substitui igual volume de um mineral existente em uma rocha. O mesmo que metassomatismo.

T

Tabular: Um tipo de hábito mineral no qual o mineral possui uma forma de tábuas achatada.

Terciário: Período da era Cenozoica anterior ao Quaternário. Iniciou-se há 65 Ma e terminou há 1,8 Ma.

Terra diatomácea: Áreas formadas por restos de diatomáceas não consolidadas.

Textura: Aspecto menor inerente à rocha, que depende do tamanho, da forma, do arranjo e da distribuição dos seus componentes.

TILITO: Rocha com origem relacionada ao gelo e que apresenta seixos facetados em matriz argilosa.

TRAQUITO: Rocha ígnea correspondente extrusiva do sienito.

TRAVERTINO: Calcário que se deposita em águas de fontes frias ou quentes, sob condições atmosféricas.

TUFO CALCÁRIO: Travertino de depósito poroso.

U

ULTRAMETAMORFISMO: Metamorfismo sob condições de temperatura e pressão extremas, com fusão parcial da rocha.

V

VARVITO: Rocha sedimentar clástica de sedimentação rítmica, processada no fundo de lagos glaciais.

VESICULAR: Textura comum em rochas extrusivas ou vulcânicas e que se forma quando um magma chega à superfície, formando cavidades (vesículas). Ver *amigdaloide*.

VULCÃO: Abertura na crosta terrestre que dá saída ao material magmático.

X

XENÓLITO: Fragmento de rocha preexistente incluso numa rocha ígnea.

XISTO: Rocha metamórfica sem faixas de granulação grossa e que possui xistosidade.

XISTOSIDADE: Tendência da rocha de dividir-se em lâminas.

Z

ZEOLITIZAÇÃO: Processo de transformação dos feldspatos e outros aluminossilicatos em zeólitas.

Índice remissivo

A
aglomerados 42
andesito 22, 50, 52, 87, 92, 96
anfibolioxisto 78, 89, 92
anfibolito 87, 92
anidrito 65
anortosito 54, 86, 92
antracito 12, 79
aplito 51, 85, 92
arcóseo 13, 60, 65, 66, 91, 92, 96
ardósia 20, 21, 71, 73, 76, 77, 78, 79, 80, 83, 89, 92, 96, 100
areia 57, 58, 60, 66, 68, 91
arenito 39, 40, 41, 60, 65, 66, 68, 77, 85, 86, 90, 91, 92
arenito silicificado 65, 92
argila 16, 17, 19, 53, 59, 60, 61, 63, 66, 67, 68, 71, 79, 83, 84, 89, 92
argilito 60, 65, 66, 68, 71, 83, 89, 92
augitagnaisse 77, 90, 92

B
basalto 32, 33, 39, 50, 54, 55, 56, 77, 84, 92, 94
biotitagnaisse 77, 90, 92
biotitagranito 51, 85, 93
biotitaxisto 78, 89, 93
brecha 42, 60, 65, 63, 64, 66, 91, 93
brecha de tálus 64, 66

C
calcarenito 66, 91, 93
calcário 11, 12, 20, 26, 60, 67, 68, 69, 73, 74, 77, 79, 80, 83, 84, 85, 90, 91, 92, 93
calhau 58, 60, 91
carvão 12, 13, 67, 68, 70, 77
cascalho 57, 58, 60
charnoquitos 22
chert 63, 67, 68
cloritaxisto 77, 78, 89, 93
conglomerado 57, 59, 60, 63, 64, 65, 66, 67, 77, 91, 93
coquina 64, 66, 67, 92, 93

D
dacito 50, 53, 87, 93
diabásio 46, 54, 86, 87, 93
diamictito 92, 93
diatomito 63, 65, 67, 68, 83, 93
diorito 33, 37, 50, 52, 77, 86, 88, 93
diorito-pórfiro 52, 88, 93
dolerito 46, 54, 86, 93
dolomitamármore 21, 77, 79, 84, 93
dolomito 21, 22, 67, 68, 74, 77, 80, 83, 84, 90, 92, 93
dunito 12, 50, 56, 87, 93

E
escarnito 73
especularitaxisto 77
estaurolitaxisto 78, 89, 93
evaporito 63, 65, 67, 70, 93, 94, 99

F
filito 71, 76, 78, 79, 89, 93, 100

foiaíto 53, 86, 93
folhelho 39, 40, 41, 60, 65, 66, 68, 77, 89, 93, 100
folhelho betuminoso
fonólito 33, 50, 54, 87, 93, 100
fosforito 67, 70, 100

G

gabro 22, 32, 33, 50, 54, 55, 77, 86, 88, 93, 100, 104
gabro-pórfiro 88, 93
gás natural 65
geiserita 67, 68, 100
gipso (evaporito) 93
gnaisse 13, 17, 18, 21, 23, 25, 45, 72, 73, 76, 77, 78, 80, 90, 92, 93, 94, 101, 102, 105
gnaisse a duas micas 77, 90, 93
gnaisse facoidal 78, 90, 93
gnaisse quartzítico 77, 90, 93
grafita 77
granadagnaisse 77, 93
granadaxisto 78, 80, 89, 93
granito 13, 24, 25, 32, 33, 37, 47, 49, 50, 51, 52, 53, 77, 85, 88, 93, 101, 103, 105
granito a duas micas 51, 93
granito-pórfiro 88, 93
granito porfiroide 88
granodiorito 50
granulito 75, 79
greda 65
guano 12, 67, 70, 101

H

hornblenda-cloritaxisto 77
hornblendagnaisse 77, 90, 94
hornblendagranito 51, 85, 94
hornblendaxisto 77, 78, 89, 94
hornfel 77, 79
hulha 12, 98

K

kinzigito 90, 94, 102

L

leptinito 90, 94
linhito 12
loessito 66, 67, 102
lutito 60

M

magnetitaxisto 77
marga 66, 67, 68, 92, 94, 102
mármore 11, 12, 20, 74, 77, 79, 80, 83, 84, 94, 97, 103
matacão 60, 103
meláfiro 55, 56, 84, 87, 94, 97, 103
metatexito 78
micaxisto 72, 77, 78, 88, 94
microgranito 51, 85, 94
micropegmatito 38
microssienito 53, 86, 94
microssienito nefelínico 53, 86
microtonalito 52, 85, 94
migmatito 72, 104
milonito 73, 74, 104

N

nefelinassienito 33, 50, 53, 54, 86
nefelinassienito-pórfiro 54
norito 54, 104

O

obsidiana 12, 47, 104
olivinabasalto 32, 55, 87, 94

P

pedra-sabão 26
pedregulho 94
pegmatito 24, 25, 26, 45, 51, 85, 94

peridotito 50, 56, 77, 87, 94, 104, 105
perlitos 46
petróleo 65
piroxenito 50, 56, 87, 94, 104
plagioclasito 86, 94

Q

quartzito 25, 75, 77, 79, 80, 84, 86, 91, 94, 105
quartzito micáceo 80, 91, 94
quartzodiorito 52
quartzo-hornfel 77
quartzolatito 50
quartzopórfiro 87, 94
quartzo-sericitaxisto 80, 91
quartzossienito 50, 53, 85, 94
quartzo-xisto 77
quimberlito 56, 105

R

radiolarito 65
riólito 25, 33, 50, 51, 52, 87, 94, 105
rudito 60, 63

S

sal-gema (evaporito) 94
seixo 58, 59, 60, 64, 106, 107
serpentinito 25, 77, 79
sienito 21, 33, 50, 53, 54, 86, 88, 94, 106, 107
sienito-pórfiro 88, 94
sílex 84, 94
silexito 65, 68, 70, 84, 106
silte 59, 60, 66, 100, 106
siltito 39, 60, 65, 66, 77, 91, 94, 101, 106
sínter silicoso 68

T

talcoxisto 26, 77, 78, 89, 94
terra diatomácea 106

tilito 64, 66, 92, 94, 107
tinguaíto 54, 87, 94
tonalito 50, 52, 85, 88, 94, 95
tonalito-pórfiro 88, 95
traquito 33, 50, 53, 87, 95, 107
travertino 20, 67, 68, 69, 107
tripoli 95
tufo 42, 68, 77, 107
tufo calcário 68
turfa 12

V

varvito 66, 67, 69, 92, 95, 107

X

xisto 16, 17, 18, 20, 21, 23, 25, 26, 72, 76, 77, 78, 79, 80, 88, 89, 93, 94, 95, 100, 105, 107
xisto argiloso 78, 89, 95
xisto azul 73
xisto betuminoso 100
xisto pirobetuminoso 100

Bibliografia

ABREU, S. F. O *Distrito Federal e seus recurss naturais*. Rio de Janeiro: IBGE, 1957. (Biblioteca Geográfica Brasileira, série A, n.14)

ALBILLOS, D. G.; IZQUIERDO, M. C. G. *Geologia*: investigaciones geológicas. Barcelona: Vinces-Vives, 1971.

BIGARELLA, J. J. et al. *Rochas do Brasil*. Rio de Janeiro: LTC, 1985.

BILLINGS, M. P. *Structural geology*. 2. ed. Englewood Cliffs: Prentice Hall, 1954.

BRANSON, E. B. et al. *Introduction to geology*. 3. ed. New York: McGraw-Hill Book, 1952.

CHIOSSI, N. J. *Geologia aplicada à engenharia*. São Paulo: Grêmio Politécnico USP, 1975.

COSTA, J. B. *Estudo e classificação das rochas por exame macroscópico*. 2. ed. Lisboa: Fund. Calouste Gulbenkian, 1967.

DANA, J. D. *Manual of mineralogy*. Revised by Cornelius S. Hurlbut, Jr. 17. ed. New York: Wiley, 1959.

ERNEST, W. G. *Minerais e rochas*. Tradução de E. Ribeiro Filho. São Paulo: Edgard Blücher/Edusp, 1969.

FRY, N. *The field description of metamorphic rocks*. New York: Wiley, 1996.

HEINRICH, E. W. M. *Microscopic petrography*. New York: McGraw-Hill, 1956.

HUNT, C. B. *Geology of soils*. San Francisco: W. H. Freeman, 1972.

KUZIN, M.; EGOROV, N. *Field manual of minerals*. Moscow: Mir, 1976.

LAHEE, F. H. *Field geology*. 6. ed. New York: McGraw-Hill, 1959.

LEINZ, V.; AMARAL, S. E. *Geologia geral*. 8. ed. São Paulo: Nacional, 1980.

LOBO, A. E. M. *Petrologia e pedologia*. 2. ed. Juiz de Fora: Geociências UFJF, 1973. Mimeografado.

MEHNERT, K. R. *Migmatites and the origin of granitic rocks*. Amsterdam: Elsevier, 1968.

MENEZES, S. O. *Introdução à geologia*. Itaguaí: Imprensa Universitária da UFRRJ, 1983. Texto Auxiliar.

MENEZES, S. O. *Identificação macroscópica de rochas*. Juiz de Fora: ICHL/UFJF, 1999. Semana do professor.

MENEZES, S. O. *Introdução ao estudo de minerais comuns e de importância econômica*. Juiz de Fora: Edição do Autor, 2007.

MENEZES, S. O. *Minerais comuns e de importância econômica*: um manual fácil. 2. ed. São Paulo: Oficina de Textos, 2012.

PEARL, R. . *Geology*. 3. ed. New York: Barns & Noble, 1966.

POPP, J. H. *Geologia geral*. 4. ed. Rio de Janeiro: LTC, 1995.

SAWKINS, F. J. et al. *The evolving Earth*: a text in physical geology. New York: Macmillan, 1974.

SCHUMANN, W. *Rochas e minerais*. 3. ed. Tradução de R. R. Franco e M. del Rey. Rio de Janeiro: Ao Livro Técnico, 1994.

SPOCK, L. E. *Guide to the study of rocks*. New York: Harper & Brothers, 1953.

THORPE, R. BROWN, G. *The field description of igneous rocks*. New York: Wiley, 1996.

TUCKER, M. E. *Sedimentary rocks in the field*. 2. ed. New York: Wiley, 1996.

WILLIAMS, H. et al. *Petrografia*. Tradução de Ruy Ribeiro Franco. São Paulo: Polígono/Edusp, 1970.

WINKLER, H. G. *Petrogênese das rochas metamórficas*. São Paulo: Edgard Blücher; Porto Alegre: UFRGS, 1977.

ZUBKOV, V. *General petrography*. Moscow: Mir, 1967.

ZUMBERGE, J. H. *Laboratory manual for physical geology*. 4. ed. Dubuque: WCB, 1974.